JN074037

あなたは大学で何をどう学ぶか

一生モノの研究テーマを見つける実践マニュアル

西山 聖久 著

化学同人

プロローグ

この本を手に取ってくださったあなたに質問です。あなたはこれまでに、次のようなことで悩んだことはありませんか？

- 大学でやりたいことがない
- 大学が楽しくない、つまらない
- 周りのみんなは個性や強みがあるのに、自分には何もない
- 優秀な人が多くて、自分がちっぽけに感じる
- 自分が何をしたいのかわからない
- 不安や悩みが漠然としていて、誰に何をどう相談すればいいかわからない

厳しい受験生活を終えてようやく大学生になったのに、なぜか毎日モヤモヤと悩んでしまう。大学院生になって研究に没頭しているはずなのに、集中できずに何かスッキリしない。そういう学生は少なくないと感じます。実際に、このような悩みを吐露する学生にたくさん出会いました。

「高校生活ではなんとなく周囲に決められた枠組みのなかで勉強や部活をがんばっていればよかった。でも大学に入ると、そんな枠組みのほとんどがなくなって、自分で何もかも決めてやらないといけない。最初は自由な生活にワクワクしていたものの、どうもそれに慣れることができなくて戸惑っているうちに時間だけが過ぎていく。どうすればよいかわからない…。」

こんな中途半端な悩みを、ずっと抱えているのはつらいこと。でも、この状況について何をどう説明すればいいのかもわからないし、いまの気持ちを率直に親や先生に相談したところで、「甘えだ」「もっとがんばれ」といわれて終わりそう。そんなふうに思ってはいませんか。

あなたのそんな状況は一概に「甘え」だとはいい切れないと思います。むしろ、大学生活を通じてそういった悩みを抱えることは、実はあなたが自分の未来に向けて一皮剥けるためのきっかけとなるよい兆しであるかもしれません。

私は、この種の「モヤモヤとした悩み」は、他人に振り回される人生を過ご

してきたことにうすうす気がついて生じる潜在的な危機感ではないかと考えています。そこで、その不安な気持ちを取り除く唯一の方法は、自ら問題を発見し、その解決に向けて積極的に行動を起こすためのスキルを身につけることです。

今後、あなたの身には、これまで予想だにしなかったような問題が連続して降りかかり、否が応でもそれらと向き合うことが求められるはずです。「問題」が発生したら、当然ながらそれを「解決」しなければなりません。そこではどのように問題に気づき、その解決策を提案するのかが重要になります。あなたはそのために具体的にどう考えればよいか知っていますか？　おそらく、ほとんどの人が知らないでしょう。なぜなら、問題解決の方法論は高校や大学では詳しく教えてはもらえないからです。

本書では、人生を送るうえで必ず役に立つ、この問題解決の方法論を大学生向けにわかりやすく解説します。とくに大学生および大学院生が取り組む研究活動を通じて、この方法論を実践しながらスキルを体得していただき、あなたのモヤモヤとした悩みを解消することを目指しています。

このスキルを身につければ、どの分野に行ってもあなたはおそらく問題解決の達人になれるでしょう。あなたが本書を通じて取得することになるスキルは、大学生活だけでなく、これからの人生において仕事をするときや、人間関係を構築するときにも、あなたに進むべき指針を与えてくれるはずです。

ぜひ最後まで目を通し、大学生活、とくに研究活動を通じてこの問題解決の方法論をスキルとして体得し、あなたの今後の人生で活用してください。

2023年10月　西山　聖久

目　次

Chapter 1
大学生活を通じて学ぶべきこととは

Point

- 大学生活で感じるモヤモヤとした悩みの正体は、突然与えられた自由に対する漠然とした不安である
- 今後必要となるのは問題や課題を自ら発見し、解決策を提案し、行動に移すスキルである
- 本書では、企業で活用されている問題解決の方法論を研究活動など、大学生活で直面する問題を通じて実践し、身につけることを提案する

Introduction

ここでは、多くの大学生が抱えているであろう悩みについて紹介します。大学生活を通じて何を学ぶべきか、大学生活を充実させるには、企業が用いる問題解決の方法論が有効であることを説明します。

1.1 大学生活で感じるモヤモヤとした悩みの正体

大学受験で「合格」を知ったときのことを覚えていますか？　たいへんだった受験生活を乗り越えたうれしさでいっぱいだったのではないでしょうか。

晴れて大学に入学したすぐあとには、毎日ウキウキと過ごしていたことでしょう。広々としたキャンパスや制服のない生活を新鮮に感じませんでしたか？　どんなアルバイトをしようか、部活やサークルはどこに入ろうか、と考えたりするだけでもワクワクしたかもしれません。大学生活はアクティブに動き、またさまざまなことに挑戦する絶好の機会でもあるでしょう。

しかし、最初は楽しい大学生活も、しばらくするとそうでもなくなってしまうことがあります。「思ったより自由じゃない」「もっと楽しいと思っていた」

「何かしっくりこない…」やがて、いままでに経験したことのないモヤモヤした悩みを抱えるようになり、誰かに相談したくても、それをどう伝えていいかわからないということも珍しくありません。大学生活を充実させたい、でも実際には何をすればいいのかわからない。もしかしたらその「モヤモヤ」の正体は「漠然とした不安」なのかもしれません。

社会からみた大学生の定義は基本的には「大人」です。自分で考えて決断することが期待されます。それゆえ、大学の履修登録ではある程度自由に講義を選ぶことができます。大学内で開催されるイベントや講座なども、すべて学生が必要に応じて参加、不参加の判断をすればよいというスタンスです。それを踏まえて、アクティブに行動している人も多いでしょう。

ですが、私はあらためて考えてみてほしいと思います。**いま、あなたが取り組んでいる選択は、本当にあなた自身の決断によるものですか？**

モヤモヤと悩んでしまうのは周囲に影響され、自分の本心とズレた行動をとっているときでしょう。

いずれにせよ、周りに流されているだけでは、いつまでたっても自分の人生を歩むことは難しいでしょう。このような状況になってしまった時点で、自由とされる大学も思ったほど自由ではないということかもしれません。しかし、少なくとも大学ではあなたが他人のいうとおりにするかどうかも含めて自由なのです。これは先の人生においても同じです。

大学での時間は、おそらく人生ではじめて与えられる本当の「自由な時間」です。ところが、あなたが受身の姿勢でいると、せっかくの「自由な時間」を最大限に活用できません。これだと、自分の選択に自信がもてなくなり、不安になるのは当然です。

「充実した大学生活を送っている自分には、この本は関係ない」「自分は常に確固たる意思をもって選択をしている」という人もいるでしょう。そういった人は「モヤモヤとした悩み」といわれてもピンとこないかもしれません。しかし将来、あなたも多かれ少なかれ、このような状況に直面するはずです。

この「モヤモヤとした悩み」を取り除く確実な方法は、自ら積極的に「問題」や「課題」を発見し、その「解決」に向けて行動することです。

現在、大学生活で「モヤモヤとした悩み」を抱えている人もそうでない人も、本書で紹介する問題解決の方法論を身につけてみることを強くおすすめします。このスキルさえ身につければ、あらゆる状況において、あなたは他人に振り回されず成長し続けることができるでしょう。ぜひ最後まで目を通し、このスキルを役立ててください。

1.2 自由な大学、高校とは根本的に違う？

高校時代のあなたは、平日は朝から夕方まで授業を受け、そのあとは部活もしくは塾に行く、といった生活を過ごしていたのではないでしょうか。土日も部活の練習や試合、塾の講習などがあったり、アルバイトをしていたという人もいるかもしれません。とても忙しい日々ではありますが、毎日のスケジュールのほとんどは誰かに決められたものだったでしょう。

また、高校生活ではテストの結果や進学先で評価されることがほとんどです。授業中にぼんやりしたり、寝ていたりということがあっても、とくに進学校では定期テストの結果がよく、最終的に有名大学に合格すれば何もいわれないような側面があったのではないでしょうか。テストや入学試験では、習ったことを記憶し、「正解」を答えることが求められ、その処理が速く正確であればあるほど高く評価されます。これはこれでたいへんですが、ある意味、「与えられた基準」を満たすことができれば、それでよかったわけです。

ところが、大学には、高校にはあった「与えられた基準」というものがありません。せいぜい決まっているのは、卒業や修了のために必要な単位数、学部・学科・専攻での必修科目やそれらの講義を受ける教室や時間くらいでしょう。大学生活において１日をどのように過ごすか、１週間のスケジュールをどう組み立てるかは、かなりの割合で自分が考えることになります。成績が悪くても基本的には何もいわれません。単位を落としてしまって進級できない可能性が高いという状態になって、ようやく教員からやんわりとその事実を通達されるくらいでしょう。

成績の評価基準もさまざまです。一部の科目では高校のようにテストの点数だけで評価されることもありますが、出席回数やレポート提出などが評価の対象となることもあります。大学では、「授業は適当に参加するが、テストだけがんばる」という感覚でいると、うまくいかないこともあります。最近では、座学形式の講義は減り、グループディスカッションやプレゼンテーション、フィールドワークなど、多彩な学習形態も導入されています。とくに、これらは出席だけでなく、活動に貢献してはじめて評価されます。このような講義では、主体的に学びを進める必要があり、高い成績を得るためにはある程度の労力が必要です。一方で、出欠はとらないし、授業態度もほかの学生に迷惑さえかけなければ何もいわないという教員もいます。このような講義は比較的、楽に高い成績を得られることが多いでしょう。そういう意味で、これらは楽勝科目などとよばれているかもしれません。要領のいい学生は、楽勝科目に関する情報を素早く収集し、戦術的に履修登録を行います。

高度な専門知識を学ぶ場所である大学において、このような態度に対してまったく疑問を感じないわけではありません。しかし、なんとなく履修登録した講義の評価が期せずして厳しいものであり、その結果として成績が悪くなってしまった人に比べると、この要領のいい学生は「自ら積極的に情報を取りに行き、行動した」という点においては、高く評価されることも頷けます。大学は、高校とは比べものにならないほど自由です。ですが、その自由には責任がともないます。実はこれが意外とたいへんなのです。あらゆることを自分で選択し、結果について自分が責任を負います。大学院では、これらの傾向はますます強まるでしょう。

とくにこれまで親や先生のくれたアドバイスに従って選択をしてきたという人は、大学の自由さに戸惑うかもしれません。おそらく、このような突然の環境の変化が、多くの大学生が抱える「モヤモヤとした悩み」の原因のひとつなのだと思います。そして、その後の人生においてはこの自由が当たり前になります。それだけに、この自由とのつき合い方を大学で身につけられるかどうかは、大学で学ぶべき大切なことのひとつであると私は考えます。親に勧められたから、よい成績をとり、大手企業に入ることを目指す大学生はたくさんいます。しかし、それがうまくいったからといって、その先もうまくいくかというと、そうではありません。

「入りたかった企業に採用されたのに、やりたかった仕事をさせてもらえない」など、大手企業の社員であっても、うまくいかないことが多くて悩んでいる人はたくさんいます。しかし、そのときに「親が勧めるからがんばって大手企業に入ったのに…」と文句をいったところで状況は何もよくなりません。

高校時代に、「もっと自由に、もっと好きなことができたらいいのに」と思ったことはありませんか？　大学に進学したことで、それが叶ったのです。授業は別に参加しなくても構わないし、「大学に行くのはむだ」だと思うのであれば、「行かない」という選択肢も認められています。あくまでも大学は、学ぶための環境を提供してくれているに過ぎません。もし留年や退学をしたとしても、卒業までに少し時間がかかった、別の進路を選んだというだけのこと。それが将来に影響することはないとはいいませんが、それも含めて、選ぶのはあなたの「自由」なのです。

1.3 これからの時代、あなたが身につけるべきこと

このような本を手にとったということは、いま多かれ少なかれあなたは、目標を掲げ、何かしらのスキルや専門性を向上させるための努力をしているのではないでしょうか？　その目標はどのようなものでしょうか。「大学でよい成績を取る」「公務員試験の対策をがんばる」「TOEICで高スコアをとる」「大学院に進学する」などでしょうか。これらはとてもわかりやすい目標です。しかし、あなたにはここで一度、その目標をどのように決めたのかを考えてほしいのです。

「○○の技術をもっとよくするために、その技術を扱う業界のトップ企業に入りたい。そこで技術に関する研究を行うために、大学院に進学したい」「△△の問題を解決するには、公務員になる必要がある。だから公務員試験の対策をがんばっている」などと、自らの意思決定にもとづく動機を明確に答えられるのであれば、問題ないでしょう。

しかし、そうでないのなら、もしかしたらその目標は、大学生になって突然手に入れた「自由」への戸惑いをごまかすために掲げているのかもしれません。最初にあげた目標の例は、すべて試験対策をがんばることにより達成されます。

もし、あなたがこのような目標を掲げているのであれば、その本当の理由は、高校時代と似たような生活に身を置くことにより、安心を得ようとしているからなのかもしれません。大学生になり、突然自由を得ることによって生じた不安をとりあえず意識しないようにするためではありませんか？

「試験対策をがんばってよい結果を出し、評価してもらう」これは、大学入試を経験した大学生にとっては、いわば「勝ち方を知っている」取り組みやすい目標です。少なくともこの目標に取り組んでいる間は、その不安は解消され、成長しているような気がして安心感も得られるでしょう。しかし、もしそれが先述したような動機によるものであれば、その安心感は一時的なものに過ぎません。

もちろん、「学ぶ」ということは素晴らしいことだと思います。しかし、正解のないこれからの時代においては、それを学ぶ動機について常に自分と向き合い、明確にする努力を怠らないことこそが、むしろ重要でしょう。たとえば、TOEICの対策をがんばっている人がいたとします。「英語ができたほうが就職活動で有利らしいからとりあえず勉強しておこう」という人と、「自分は外国人とコミュニケーションできるようになりたい。だから私は英語を学ぶ」という人では、TOEICのスコアは同等であっても、長い目でみれば大きな違いが生じてくると思いませんか？

専門知識やスキルを身につけるといっても、周りの雰囲気やそのときどきの風潮に流されて勉強するのではなく、自分で何が問題かを考え、その解決に必要だと思われる専門性を主体的に磨く習慣を身につけないと、この先、人生のどこかで行き詰まるだろうと私は考えます。取り組んでいることが、自分の意思決定にもとづいていなければ、想定外のことが起きたとき、簡単に挫折してしまうでしょう。

ITが進化したおかげで、あらゆる情報は、昔に比べると安価かつ短時間で得られるようになりました。これまで大学でしか触れられなかったような高度な専門知識も、動画サイトで気軽に学べます。一方で、専門知識の価値が下がってしまったともいえます。知識や資格があるから安泰という考えはほとんど通用しなくなるでしょう。そうならないためにも、分野を問わず、まずは自ら問題を発見し、その解決に向けて、行動を起こすスキルが必要になるのです。私は、より多くの人に大学生活全体を、これを身につける機会として注目してほしいと考えています。

1.4 大学生活を通じて身につけるべきスキルについて

私は、長年にわたってさまざまな分野の学生の論文指導に携わりました。その際、多くの学生が何について研究しているのかを、うまく説明できないことがずっと気になっていました。定期的に指導を受けながら研究を進めているはずなのに、しばらく話を聞いても何について研究しているのかさっぱりわかりません。研究の背景や調査していることのポイントをかいつまんで説明すればいいだけのように思いますが、それができないのです。なぜ、できないのでしょうか。私はその最たる理由は、研究テーマについて主体的に考えていないからで、もっといえばその研究テーマは自分が選んだわけではなく、教員などの他者から与えられたものであるという意識が強いからではないかと考えています。

「研究とは、何かしらの問題を解決するために行うものである」という考え方に強く異議を唱える人はいないでしょう。では、そもそも「問題を解決する」とは、どういうことを指すのでしょうか。まずは、「問題は何か」を設定する必要があります。次に、設定した問題に対する解決策を考えるわけですが、それを実現するためにはわからないことが出てくるはずです。それについて文献などを調べ、それでもわからない部分は自分で手を動かして調査をしなければなりません。調査を実施するうえでも問題が発生するでしょう。また、調査から得られた知見にもとづいて解決策の実現にめどが立っても、そこでまた新たな問題が発生することもあるでしょう。そして、また解決策を考える。このようなプロセスをいく度となく繰り返すことで、理想に近づいていく。「問題を解決する」とは、このような流れになるはずです。もちろん、これを正しく実行するのはきわめて困難をともなうでしょう。

大学や大学院を卒業または修了したのであれば、周囲はあなたに対して、講義や研究を通じて身につけた専門知識を活用して「問題を解決する」ことを期待するはずです。また、あなた自身もそのような人材になることを目指していると思います。しかし、私が懸念しているとおり、取り組んでいる研究テーマ

について主体的に考えていないとすれば、そもそも世の中のどのような問題を解決するために大学や大学院での経験を活かせるのか、考えたことがないということにならないでしょうか？　もしそうであるならば、先に示した問題解決のプロセスを正しく進め、周囲の期待に応えることは難しいでしょう。

Chapter 2 以降、この本では企業で活用されている問題解決の方法論を解説します。そして、これを活用し、専攻、研究室、研究テーマの選定や、研究活動で行き詰まってしまったときなど、研究生活を中心に大学生活にて直面するさまざまトラブルを乗り越える方法を提案します。ぜひともみなさんは、大学生活で直面するあらゆるトラブルを、この方法論を実際に活用し、スキルとして身につけるチャンスであると前向きにとらえてください。幸いにして、この方法論はどのような分野にも応用することができます。いまこのスキルを身につけておけば、大学生活だけでなく、就職して仕事をするときや日常生活で悩んだときなど、あらゆる人生の場面においてあなたを助けてくれるはずです。とくにいま、あなたが突然与えられた自由な環境に戸惑い、モヤモヤとした悩みを抱えているのなら、この問題解決の方法論はきっとあなたが未来に向かって歩みだす指針となるでしょう。

まとめ

- 大学生活で感じるモヤモヤとした悩みの正体は、突然与えられた自由に対する漠然とした不安である
- 大学生活では専門知識だけでなく、問題を自ら発見し、解決に向けて行動に移すスキルを学ぶ必要性を理解しよう
- 本書で紹介する、企業で採用されている問題解決の方法論を、研究活動をはじめ、大学生活で直面するトラブルで実施し、スキルとして身につけよう
- 大学生活で直面するあらゆるトラブルを成長の機会として前向きにとらえよう

Chapter 2
問題解決の方法論

Point

- ☑ 問題解決には分野に関係なく活用できる体系化された方法論がある
- ☑ まずは状況を分析して、解決すべき問題の優先順位を決めよう
- ☑ 問題とはパラメーター（利害関係）の対立である
- ☑ 時間、空間、条件の視点から、問題を分析し、対立の所在を確認しよう
- ☑ 問題解決のパターンを理解しよう

Introduction

ここでは、企業で用いられる問題解決の方法論、価値工学(VE：Value Engineering)および発明的問題解決思考(TRIZ)について説明します。これらの考え方を応用すれば、研究生活をはじめとした大学生活でのあらゆるトラブルに対応できるようになります。

2.1 問題解決の方法論について

ここから説明する問題解決の方法論を身につければ、何があっても適切に問題を設定し、どうするべきなのかを自分で考えることができるようになります。また、誰に何を相談すればよいかも明確になるでしょう。

問題解決の方法論とは、簡単にいうと、どのように問題に気づき、解決策を導きだすのか、その具体的な手順を示すマニュアルです。この方法論を研究活動など、大学生活で直面するトラブルを通じて実践し、スキルとして身につけておけば、今後の人生において問題に直面しても、漠然と長時間悩むのではなく、積極的に解決策を考えることができます。

問題が生じたときにはまず、「解決の糸口」をみつけなくてはなりません。これをみつけてはじめて問題は「解決」に向けて動き出します。問題に直面して多くの人が困るのは、解決の糸口をみつけることができず途方にくれてしまうからではないでしょうか。このスキルがあればあなたは合理的に解決の糸口をみつけることができるようになります。そうなれば、あなたはモヤモヤと悩みを抱えることはなくなるでしょう。

本書で問題解決の方法論として紹介するのは、価値工学（VE：Value Engineering)、発明的問題解決手法（TRIZ（トリーツ））という問題解決手法が元ネタです。これらは、すでに世界中の企業で新製品やサービスの開発や業務改善に広く活用されています。

VE は、製品やサービスが果たすべき機能を分析し、その機能を確実に達成する方法を改善することで、コストを低減する手法として知られています。米国ゼネラルエレクトリック（GE）社のエンジニアであった、L. D. マイルズ氏が考案し、第二次世界大戦後の資材不足による問題を解決するために用いたとされています。日本の企業は1960年代にVEの導入を開始しました。現在は製造業企業を中心に、設計、物流、バックオフィス等におけるコスト削減を中心とした業務改善活動や、新製品やサービスの開発に活用されています。

一方、TRIZは、20世紀の半ばに旧ソ連で考案されたアイデア発想法です。日本語では「発明的問題解決手法」、英語では「Theory of inventive problem Solving」とよばれています。TRIZは、これを意味するロシア語の「Т е ория Решения Изобретательских Задач」の各単語の頭文字、ＴＲИЗ のラテン文字表記です。

TRIZを考案したゲンリッヒ・アルトシュラー氏は、特許審議官としてソ連海軍で働いていました。日々の仕事でさまざまな特許に触れていたアルトシュラー氏は、分野が異なっていても、特許により提案されている問題の解決方法には一定の法則があることに気がつきます。そこで仲間とともに200万件ともいわれる膨大な数の特許を分析し、特許の発明の根底にある規則性を導きました。TRIZは、その規則性を問題解決のための発想手法として体系化した理論です。

企業で活用されているVEとTRIZですが、どちらもあらゆる分野において応用できます。ビジネスシーン以外にも、個人が抱える悩みや不満に対しても活用できます。したがって、大学生が取り組む研究や、日常の生活で直面するトラブルの解消にも役立ちます。つまりこれらの方法論を知っておけば、今後の人生で直面するあらゆる問題にモヤモヤと悩むことなく対応できるようになるというわけです。

なお、VEおよびTRIZについての詳細な説明は本書の趣旨から外れるので割愛し、あなたが直面する問題を解決するのに役立つと思われる部分にのみ焦点を当て説明します。ここではとにかく、分野を問わず活用できる体系化された問題解決の方法論が存在し、それがすでに企業では広く活用されているということだけ覚えておいてください。

2.2 問題とは何か？

大学生活でのモヤモヤとした悩みの多くは、「何が問題かわからない」、そのため「どうしたらよいかわからない」という漠然とした不安から起こります。これは社会人生活や仕事でも基本的に同じでしょう。

そこでまず、「問題」とは具体的にどのような状態を表すのかを考えてみましょう。問題の解決を目指すには、まずこの点を理解する必要があります。問題の内容は人によって異なるため、自分で考えなければなりません。とはいえ、問題とはどのような状態を指すのかは一般化して説明することができます。

TRIZ 理論を開発したアルトシュラー氏は、およそ 200 万件の特許の分析から、特許が提案するアイデアは 2 つのパラメーター（変数）の対立、もっとわかりやすくいえば、何かしらの利害の対立を解消していることに気がつきました。特許が新規的問題解決の方法を保護することを目指しているのなら、この考え方は「問題があるという状態」の本質をよく表しているといえるでしょう。つまり、あなたの身の回りに生じている身近な問題も、現在、人類が直面し、世界中で問題だと認識されている大きな問題も、2 つのパラメーターの対立であるという点においては同じということになります。

わかりやすくするために、いくつか具体例を出して説明しましょう。

例 1「アルバイトが忙しくてつらい」という問題

アルバイトをすればお金を稼ぐことはできますが、その分、時間をとられてしまい、大学の講義の準備が十分にできなくなってしまいます。この状態は、「お金」と「講義の準備時間」という２つのパラメーターが対立しているといえます。

例２「研究が忙しくて就職活動ができない」という問題

卒業するためには、Ａさんは研究で成果を出さなければなりません。しかし、研究に時間をとられてしまうと、十分な就職活動ができない状態に陥ってしまいます。ここで対立する２つのパラメーターは、「研究成果」と「就職活動にかけられる時間」です。

例３ 環境問題

地球温暖化や環境破壊は世界中で問題視され、さまざまな取組みがなされています。これは、自動車や発電所など、人類が生活の便利さを追求した製品や設備を充実させた結果とも考えられます。私たちが「便利さ」を手放せば、地球の環境は改善されるかもしれません。しかし、それは簡単なことではありません。環境破壊が問題視されながらも、発電所やその他の設備はいまこの瞬間も運用されています。つまり環境問題とは、「生活の便利さ」と「地球の環境」という２つのパラメーターの対立と考えることができます。

例４ 核問題

核兵器を保有すれば、国の防衛力は高まるかもしれません。しかし、そのようなことをすれば、他国から制裁を受けることも考えられます。そもそも核兵器の存在自体が、人類を核戦争による滅亡の危機にさらしています。つまり、核問題は「国防力」と「経済状況」もしくは、「人類滅亡の可能性」といったパラメーターが対立していると考えることができます。

このように個人の悩みとなっている問題も、全世界が取り組む社会問題や環境問題も、突き詰めれば２つのパラメーターの対立がその根底にあることがわかります。

そして、対立するパラメーターが重要かつ同等であるほど、解決は難しくなります。まずは例として環境問題について考えてみましょう。いうまでもなく環境問題は人類の存亡にかかわる重要な問題です。地球を守るためには人類は便利さを捨てるべきなのかもしれません。しかし、すでに享受している便利さを捨て、原始的な生活をはじめる人など、いるでしょうか。環境問題は長年、議論されている問題です。それは環境も便利な生活も、どちらも人類にとって重要であるがゆえでしょう。

もうひとつ例をあげましょう。毎年、研究が忙しくて就活ができず悩んでいる学生を目にします。希望の企業に就職するためには積極的に就職活動を行う必要があります。しかし、そもそも就職するためには卒業研究である程度の成果をあげ、大学を卒業する必要があります。卒業研究も就職活動も、その重要度が同等であるがゆえに、毎年多くの学生がこの問題に直面して悩むことになります。

ということで、大学生のあなたにひとつ提案です。モヤモヤとした問題を抱えているとき、つまり、何をすればよいかわからないときは、まずは自分が直面している状態を２つのパラメーターの対立で具体的に表現してみるといいでしょう。そうすることでその悩みの原因となっている問題の本質がみえてきます。これは、大学生活にかぎらず、今後の人生におけるすべての困った状況で活用できるはずです。ぜひ覚えておきましょう。

やってみよう

あなたがいま悩んでいることを、２つのパラメーターの対立で表してみよう。

2.3 問題のみつけ方の手順

ここからは、「問題のみつけ方」について詳しく説明していきます。前述したように、何が問題かがわからないという状態の背景にも、パラメーターの対立があります。解決するのが困難だと思われる問題の背景には、複数のパラメーターの対立が存在しており、しかもそれらが複雑に絡み合っているはずです。

その状況から前進するには、まずパラメーターの対立を整理することからはじめなければなりません。つまり、一見解決できそうもない問題を複数の解決可能な具体的な問題として設定し直すということです。

もちろん、すべてのパラメーターの対立を解消し切って、問題を完全に解決することは難しいのが一般的です。そこで、そのなかからとくに深刻な対立を特定し、その解消に集中的に取り組むことが重要です。つまり優先順位をつけるということです。

あらゆる問題はパラメーターの対立に起因しており、問題を解決するためには、まずはその対立のなかでも深刻なものに取り組むべきことを説明しました。しかし、たくさんのパラメーターの対立があるなかで、どれが深刻なのかを判断するのは簡単ではありません。もちろん、直感で決めるのもありですが、判断がつかないこともあるでしょう。

そこで、次の手順１～５で状況を分析してみることを提案します。これにより、誰もが簡単かつ客観性をもって問題を分析することができるようになります。これはあらゆる分野で活用できる便利な方法なので、ぜひ実践してみてください。

- 手順 1 分析する対象を決める
- 手順 2 分析する対象の要素を考える
- 手順 3 分析する対象とその各要素の役割を考える
- 手順 4 考えた役割を手段と目的のロジックで整理する
- 手順 5 取り組むべき問題を決める

では、それぞれの手順を具体的にみていきましょう。まずは手順１～４について説明します。これらの手順については身近な例を使いながら詳しく説明していきます。ある大学生がモヤモヤと毎日悩んでおり、その背景にある問題についてこの手順を使って考えていると想定してください。

大学生活の例で考える

手順1 分析する対象を決める

大学生がモヤモヤと悩む背景には、複雑な問題があるはずです。その問題が何であるかがわかれば解決に向けてきっと行動に移すことができるはずです。その問題というのは、どこにあるのでしょうか？　もちろんそれは大学生活のなかのどこかに潜んでいるはずです。そこで、ここでは分析する対象を「大学生活」として進めていきます。

手順2 分析する対象の要素を考える

手順1で分析した「大学生活」を構成する要素を考え書き写します。大学生活にはどのような「モノ」や「コト」が含まれるでしょうか（図2-1）。毎日講義を受けるでしょうし、サークルやアルバイトといったことも考えられるでしょう。人によっては、研究室やインターンシップなどもあるかもしれません。

図2-1

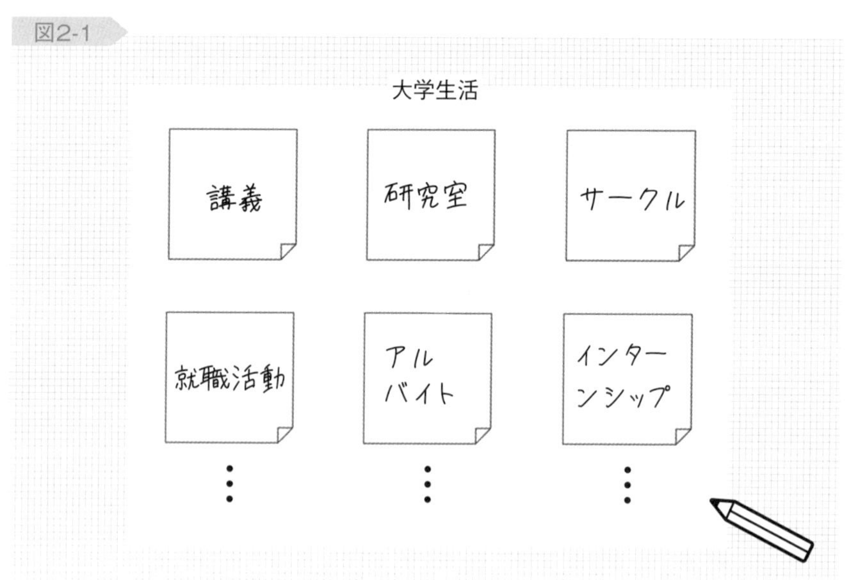

手順 3 分析する対象とその各要素の役割を考える

手順 2で考えた大学生活を構成する要素について、それぞれの役割を考えていきます。大学生活を送る目的と考えてもよいかもしれません。例として、分析対象とした大学生活の役割を示します。大学生活の役割とは何でしょうか？　たとえば、「講義を受ける」「研究をする」といったことが考えられます。これらは、「専門知識を学ぶ」ともいえるかもしれません。また、「さまざまな人と交流する」ことができるのも大学生活ならではかもしれません。そもそも大学生活を通じてこれらの役割を求めるのは、結局のところ、「人生を豊かにする」ためとも考えられます。ほかの要素に関しても同様に、その役割を考えます。抽出した役割は、大きめの付箋もしくはカードに書き写しておくと、この先の作業がやりやすいでしょう（図 2-2）。

図2-2

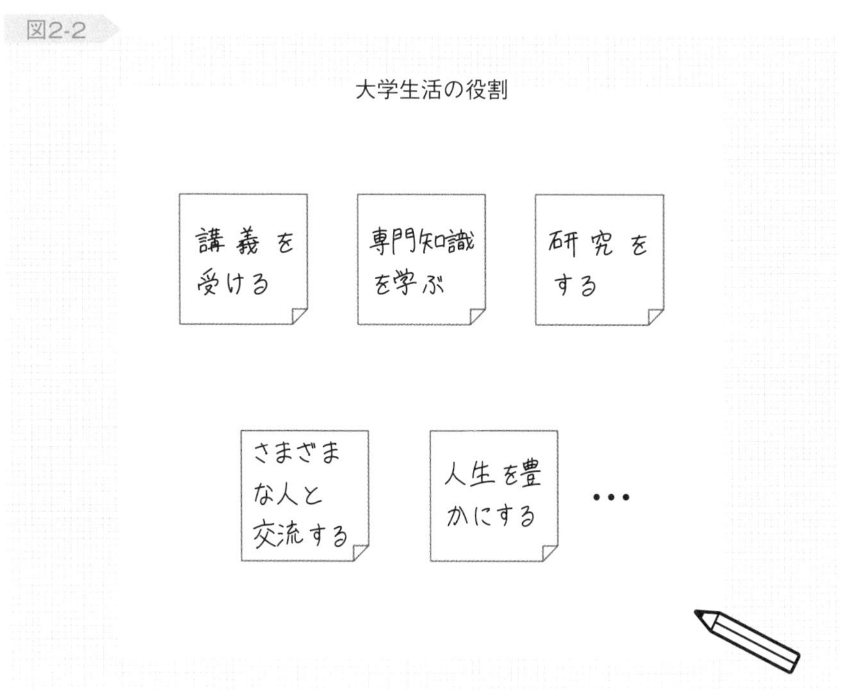

手順4 考えた役割を手段と目的のロジックで整理する

次に、手順1で作成したカードを任意に1枚取り出し、そこに記載された内容を実現する手段と目的の関係にあるものを、手順3で考えたほかの役割のなかから探していきます。手段と目的の関係についてはそれぞれ、次のように質問を活用しながら確認するとやりやすいでしょう。

> 手段→その役割はどのようにして実現されているのか？
> 目的→その役割は何のために存在しているのか？

たとえば、「講義を受ける」のは何のため？ →「専門知識を学ぶ」ため。ではどのように「講義を受ける」？ →「専門家の話を聞く」といった具合です。それぞれの質問の答えとしてみつけだされたほかの役割の内容は、最初に取りだした役割とそれぞれ、手段と目的の関係になっています。そこで、取りだした役割の目的にあたるものは左に、手段となるものは右に配置していきます（図2-3）。

図2-3

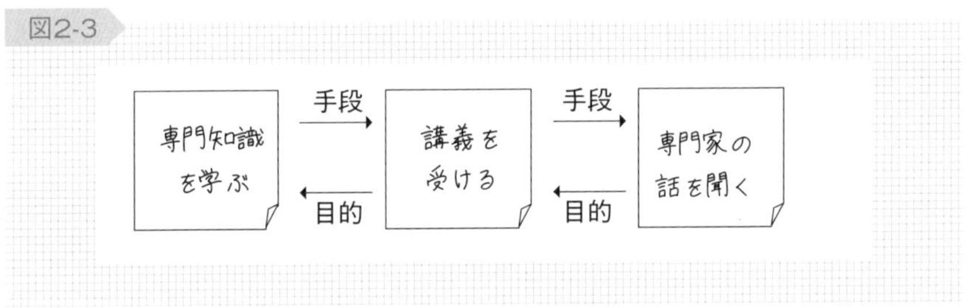

適当な手段や目的がないことに気がついた場合は適宜、新たに追加します。このとき、1つの役割を複数の場所に配置することもできます。このようにして手順3で考えた各要素をすべて手段と目的の関係でつないでいくと、たとえば、図2-4のような図ができあがります。

図2-4

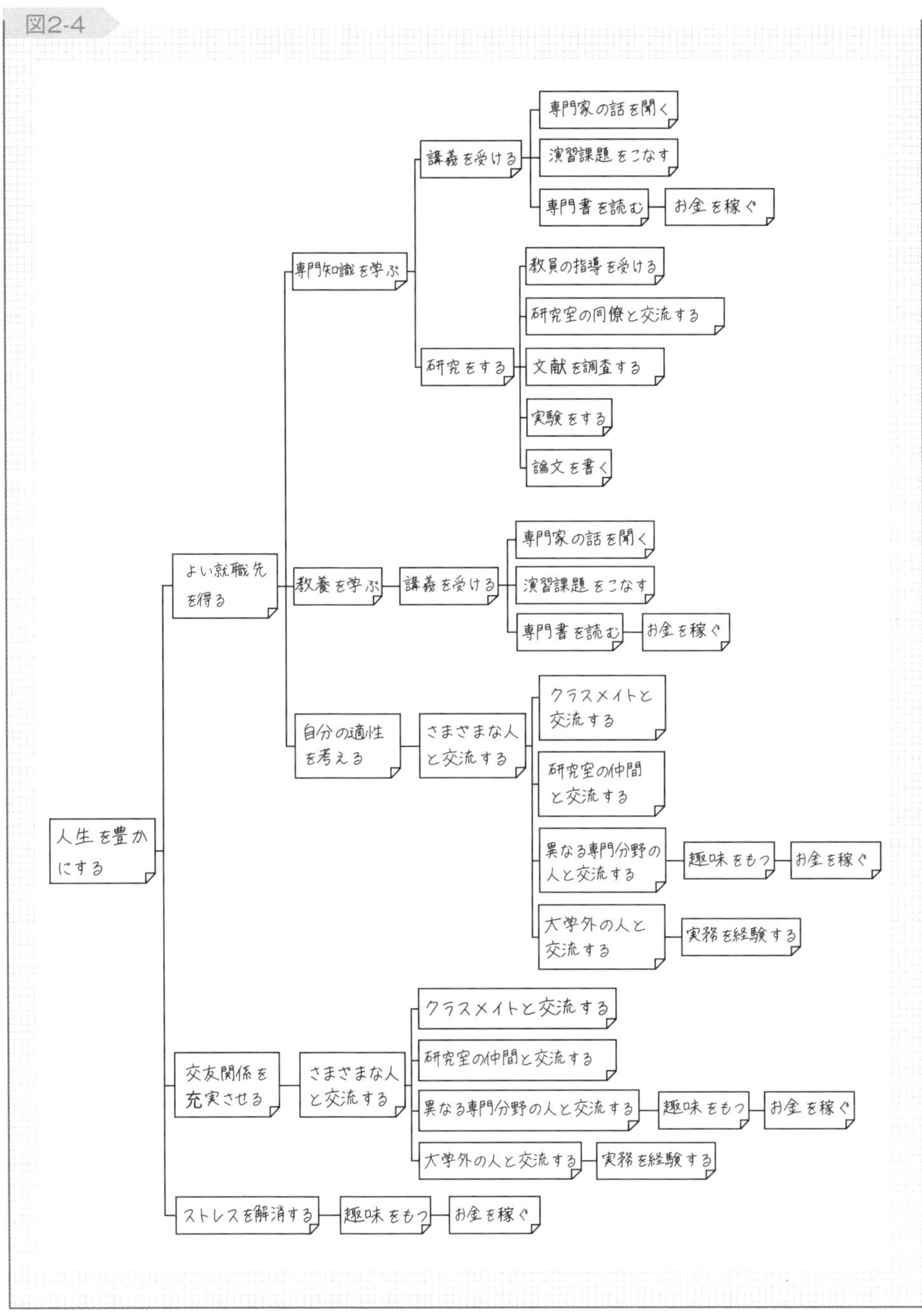
人生を豊かにする
よい就職先を得る
専門知識を学ぶ
講義を受ける
専門家の話を聞く
演習課題をこなす
専門書を読む
お金を稼ぐ
研究をする
教員の指導を受ける
研究室の同僚と交流する
文献を調査する
実験をする
論文を書く
教養を学ぶ
講義を受ける
専門家の話を聞く
演習課題をこなす
専門書を読む
お金を稼ぐ
自分の適性を考える
さまざまな人と交流する
クラスメイトと交流する
研究室の仲間と交流する
異なる専門分野の人と交流する
趣味をもつ
お金を稼ぐ
大学外の人と交流する
実務を経験する
交友関係を充実させる
さまざまな人と交流する
クラスメイトと交流する
研究室の仲間と交流する
異なる専門分野の人と交流する
趣味をもつ
お金を稼ぐ
大学外の人と交流する
実務を経験する
ストレスを解消する
趣味をもつ
お金を稼ぐ

Column　VEと機能について

ここで紹介した手順はVEの機能分析という手法です。ここで少しVEについて補足説明をしておきましょう。手順3では大学生活を構成する要素の役割を書きだしました。この要素の役割はVEでは「機能」とよばれています。機能は、人が製品やサービスに求めるアウトプット、つまり、人が製品やサービスに求める役割のことを指します。本書では「機能」という言葉は大学生のみなさんにはなじみにくいと考え、「役割」という言葉を使いました。

機能は「名詞」と「動詞」で表記することを意識します。こうすることで、機能について自分自身が理解しているかを確認できますし、誰にでも明確に伝わります。機能に関する理解がなければ、それを「名詞」と「動詞」で明確に表すことは難しいでしょう。

たとえば、サークル活動の機能なら、「ストレスを解消する」というのがあり、「名詞」は「ストレス」、「動詞」は「解消する」です。ほかにも大学生活の機能なら、「人生を豊かにする」というのがあり、「名詞」は「人生」、「動詞」は「豊かにする」のようになります。なお、大学生活の例で役割としてあげた機能は、厳密には各要素におけるあなた自身の機能であり、VEが意味する機能とは異なってきますが、本書ではそのあたりは踏み込まないことにします。

大学生活にかぎらず、あらゆるモノやコトの要素の機能を「何のため？　どのように？」のロジックで整理してできた図は機能系統図（図2-4参照）とよばれています。VEを活用している企業では自社の製品やサービスに関してこの機能系統図をつくり、事業に活用しています。機能系統図の利点は、製品やサービスの目的を達成するためにどのような機能が存在しているのかがひと目でわかることです。各個人も、このような考え方ができれば、さまざまな場面において役に立つと考えています。

大学生活を例にあげた場合、誰もがこういった図を描けるはずです。もちろん人によって目標や目的、価値観は異なるので、この図の内容は変わります。

やってみよう

手順1～4に従い、あなたの大学生活の役割を整理した図（図2-4参照）を作成してみよう。

手順5 取り組むべき問題を決める

図 2-4 の図をみれば、分析対象やそれを構成する要素の役割の全体像を把握できるようになります。ここで重要なのは、分析対象が抱える問題が、おもにどの役割にかかわる活動により起きているのかをみつけだすことです。図を眺めるだけで直感的にそれがみえてくればいいのですが、なかなか難しいかもしれません。

そこでここからは、問題の優先順位をできるだけ客観的に分析する方法を紹介します。どの役割に問題が起きているかをみつけるには、その役割を得るために必要とするリソースや代償の量を評価するための基準が必要です。分析対象に関して取り組むべき問題をみきわめるためには、以下のような手順で考えてみるといいでしょう。

①各役割を実現するために投入するべきリソースを決める
②現在、実際に投入しているリソースを把握する
③各役割の生産性を分析する
④取り組むべき問題（生産性の低い役割）を特定する

優先順位が決まれば、何かしらの対策を講じることができます。手順 1 ～ 4 と同様、手順 5（①～④）の実施についての詳しい説明は、身近な大学生活の例を用いて行います。

大学生活の例で考える

この例では、大学生活において学生は「自分の人生を豊かにする」という大学生活の最終的な役割を実現するために、それらの手段となる各役割に自分のリソース（能力や時間）を使っていることになります。

あなた自身も感じていると思いますが、時間は無限ではありません。この大学生活の各役割を実現するためにも、どのリソースをどれくらい投入したいの

かというだいたいのイメージは各自がもっているはずです。

大学生活で感じるモヤモヤとした悩みは、自分のイメージよりもリソースが費やされてしまっている、もしくは払った代償の割に期待しているほどの成果が得られていない状態だと考えられます。それこそが「このままでよいのか？」と思わせる源ともいえます。

①～⑤のそれぞれについてみていきましょう。

①各役割を実現するために投入するべきリソースを決める

大学生活における最大の資産は、時間ではないでしょうか。企業ではこのリソースや代償を「お金」で換算しますが、大学生のみなさんの場合は、「時間」で考えるのがよいでしょう。なぜなら、学部なら４年、修士なら２年、博士なら３年という自分の成長のための時間を学費を払って得ていると考えられるからです。

あなたには、大学生活の目的を実現するために使ってもよいと思える時間は、１週間にどれくらいあるでしょうか。講義を受ける時間や予習復習などを含む勉強時間など、すべてをひっくるめてイメージしているだいたいの時間配分があるはずです。そこから期待される成果が大学生活を通じてあなたが目指すアウトプットということで、これらを時間で換算して表します。

ここでは例として、週に80時間程度を「人生を豊かにする」という役割の実現のために割くことにしたとして考えてみましょう。ここで、図2-4をよく観察してください。「人生を豊かにする」という役割を実現するための手段として、いくつかのグループが存在しているのがわかりますね。この例だと、「よい就職先を得る」ためのグループ、「交友関係を充実させる」ためのグループ、「ストレスを解消する」ためのグループがあります。まず、各グループの理想的な時間配分を考えてみます。「人生を豊かにする」ために割く80時間を、次のように各役割のグループに配分したいと考えたとします。

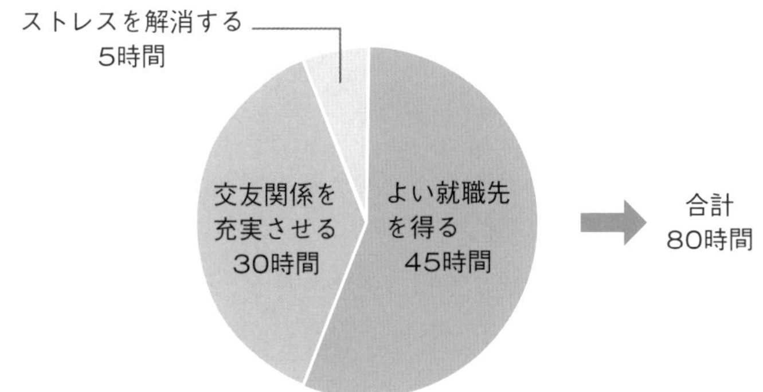

前述したように、あなたのモヤモヤとした悩みは、投入しているリソースや代償の割に得られている成果が少ないことが原因となっているはずです。その原因となる役割を探しだすために、投入しているリソースに対して得られているアウトプットが少ない役割がどれかを選んでいきましょう。選び方はざっくりで構いません。

選び方はいろいろありますが、たとえばここで紹介するような考え方はどうでしょうか。

②現在、実際に投入しているリソースを把握する

各グループの理想的な時間配分を考えたら、次は、実際に現在投入されているリソースについて考えます。この例では、各役割には、実際には以下のように時間が使われていることがわかったとします。

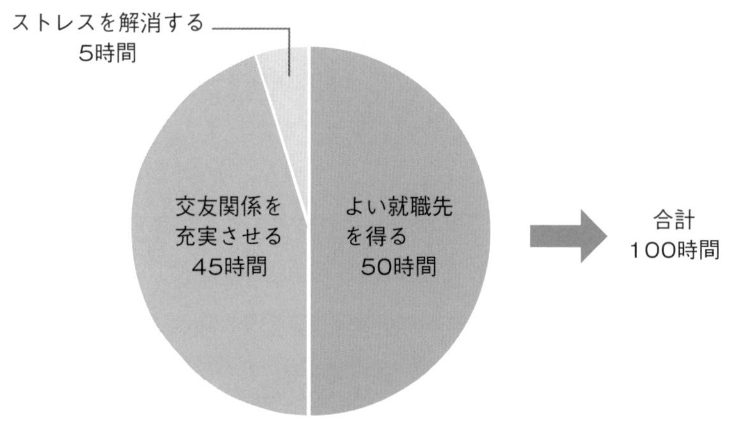

③各役割の生産性を分析する

これにより、実際の大学生活では「人生を豊かにする」ために100時間を割いていることがわかります。これは、もともと80時間という時間を割いて得ようとしていた成果が100時間を投入しても得られていないことになります。投入したリソースに対して得られる結果が想定よりも少ない状況です。それぞれの目的において、状況がどの程度深刻なのかは、最初に決めた配分時間を、実際に費やされている時間で割った値で比較することができます。

前述した例を数値化すると次のようになります。

生産性の評価

「人生を豊かにする」：80/100 = 0.8

これは、80時間で得られるべきアウトプットが100時間かけないと得られ

ていない、もしくはかけても得られていない状態を表します。この場合、「人生を豊かにする」に関連した活動の生産性は、まだイメージしたようにはなっていないことがわかります。さらにほかの各機能に関しても同様の計算をします。

生産性の評価

「よい就職先を得る」：45/50 = 0.9

「交友関係を充実させる」：30/45 ＝ 0.67

「ストレスを解消する」： 5 / 5 ＝ 1

つまり、これらの値が小さいほど、生産性が低いことになります。「1」に近づくほどイメージどおりの状態で、「0（ゼロ）」に近づくほどそこから離れていることを意味します。このなかでは、「交友関係を充実させる」のグループの数値が最も小さく、生産性の低い状況になっています。つまり、最も問題が深刻で解決が求められる状況です。

④取り組むべき問題（生産性の低い役割）を特定する

さらにその「交友関係を充実させる」グループを構成する各役割をみて、そのなかでも生産性の低い役割を探していきます。ここでは、「趣味をもつ」に必要なお金を稼ぐためにやっているアルバイトに、かなりの時間がとられていることに気がついたとしましょう。つまり、「お金を稼ぐ」という役割を実現するための活動に問題があると明確になったことになります。具体的には、自分の趣味に関するサークルに参加していて、その参加費を支払うためにアルバイトをしている。そのアルバイト先の人間関係に悩んで夜も眠れない、忙しくて疲れて講義に集中できない状況が問題であるとわかったとしましょう。ここまでくればモヤモヤと悩み続けるのではなく、この問題を解決するための対策を考え、それを実行するしかないでしょう。このような考え方で解決に取り組むべき問題の優先順位を決めていくことができます。

Column VE における価値の定義

VE では、分析対象のそれぞれのはたらき、つまり「機能」と、それを実現するために実際に投入されているリソース、つまりコストのバランスを「価値」と定義しています。少し慣れない考え方かもしれません。例をあげて説明しましょう。

東京からニューヨークまでは飛行機で 20 万円、名古屋—東京間の新幹線代は 1 万円ほどします。この金額は、おそらく誰もが納得しているのではないでしょうか。しかし、名古屋—東京間をタクシーで行くのに 30 万円かかるとしたら、「これは本当に支払ってもいいものだろうか？」と考えると思います。これは、名古屋から東京まで移動するという機能に対して 30 万円が妥当ではないと感じたことになります。つまり、直感的に「価値が低い」と感じたわけです。

VE において、価値（V:Value）は、機能（F:Function）とコスト（C:cost）の比率で表します。

$$V = \frac{F}{C}$$

これが VE における「価値の定義」です。

タクシーの例でいうと、本来 1 万円程度で得られるべき機能（名古屋ー東京間の移動）に対して払うお金として、30 万円は高すぎるということです。つまり、価値が低いと判断したことになります。

手順 5 では、各役割における活動の価値を評価しました。そこではコストや機能を時間に換算していましたが、企業の製品やサービスで考える場合は「お金」に換算します。

やってみよう

手順 5 に従って、あなたの大学生活のなかの問題の優先順位を考えてみよう。

2.4 問題解決に向けた手順

問題のみつけ方の手順を実施することにより、解決に取り組むべき問題についてはかなり明確になりました。ここからは、問題の具体的な解決策を考えるために実施すべき次の手順について説明していきます。

手順1 問題を２つのパラメーターの対立として設定する
手順2 パラメーターの対立を分析する
手順3 問題の解決策を考える

手順1 問題を２つのパラメーターの対立として設定する

問題とは、「２つのパラメーターの対立」であることはすでに説明しました。つまり、何かを改善するために行動したり変化を加えたりすると、別の何かが悪化する状況です。問題に直面したら、まずはそれを２つのパラメーターの対立として定義することで、解決策を考えやすくします。このためには、以下のテンプレートを活用します。

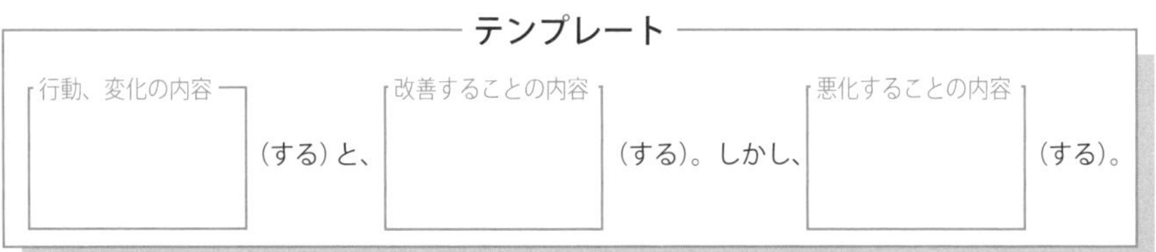

２つのパラメーターの対立を設定したら、それを別の角度から考えます。

何かを改善するために行動すると別の何かが悪化するのであれば、その行動をしなければ悪化を防ぐことができます。もちろんその代わり、改善は得られません。この状況を明確に認識するために、次のテンプレートも用いて状況を設定しましょう。これは先のテンプレートと対照的な状態であることがわかると思います。

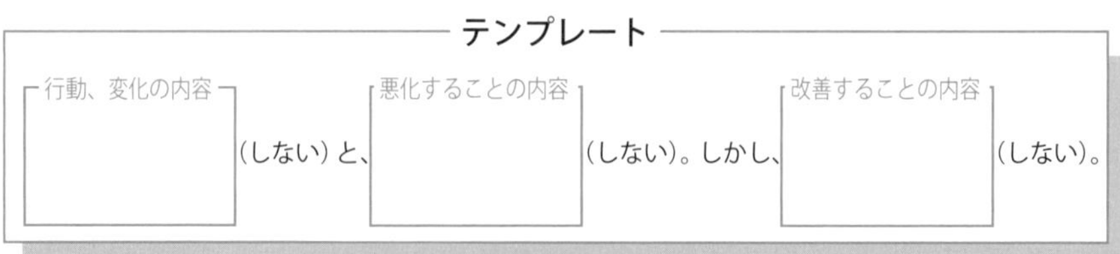

これらを踏まえ状況を俯瞰的に考えると、問題の背景には「改善する内容」を得ることと、「悪化する内容」が発生するのを避けることの両方が同時に望まれていることに気づきます。つまり、「悪化する内容」が発生しないことと、「改善を得られない」ことの両方が同時に望まれていない状況です。これらを両立するためには、行動、変化しなければならないし、行動、変化してもいけません。つまり２つのパラメーターの対立の背景には、ある行動、変化をするかしないかという背反した対立が存在していることがわかります（図 2-5）。問題を解決するには、この利害の対立をうまく取り除くしかありません。

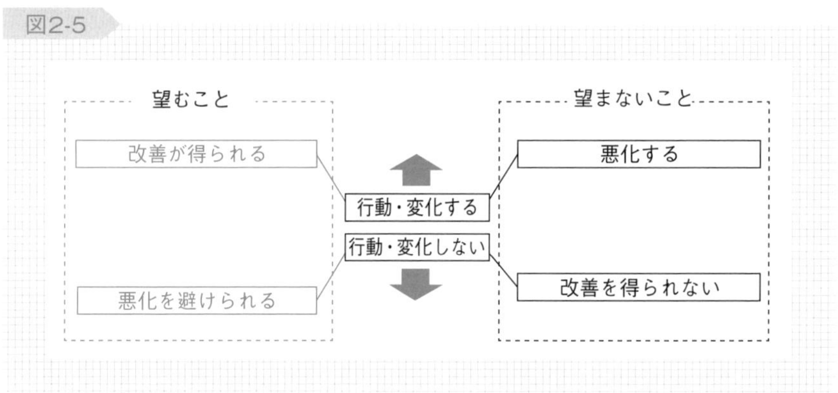

大学生活の例で考える

では、大学生活の例で考えてみましょう。大学生活を分析した結果、「趣味をもつ」ために「お金を稼ぐ」という機能に対して、費やしている時間が多すぎるという問題をみつけました。それを、このテンプレートを活用して２つのパラメーターの対立として表現すると、次のように設定されます。

行動、変化の内容：お金を稼ぐ（する）と、改善することの内容：趣味をもつことができる（する）。しかし、悪化することの内容：時間を浪費してしまう（する）。

設定した問題を俯瞰的に分析していきましょう。先に紹介したとおり、「行動・変化しない」、つまり、お金を稼がない場合についても考えてみましょう。

先に設定した問題は同時に、潜在的に次のような問題が存在することになります。

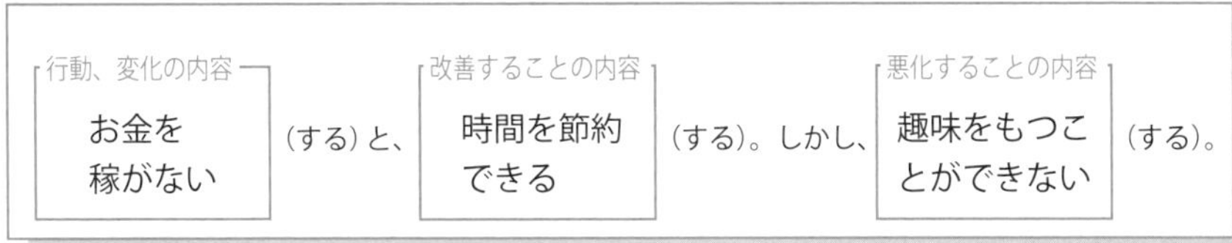

以上を整理すると、この問題を抱えている人は「趣味をもつことができる」「時間を節約できる」という状況の両方を望んでいますが、これらを実現するには、「お金を稼ぐ」「お金を稼がない」という互いに背反する行動をしなければなりません。また同時に、「時間を節約できない」「趣味をもつことができない」という状況は両方望んではおらず、これらを避けるにはやはり、「お金を稼ぐ」「お金を稼がない」という互いに背反する行動をしなければならないということになります（図 2-6）。

図2-6

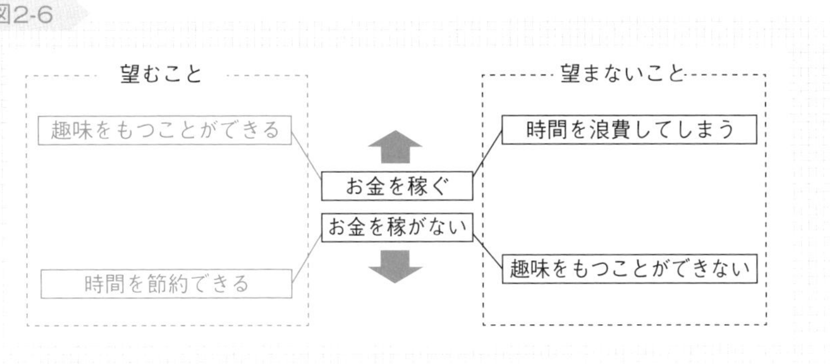

「お金を稼ぐ」ことと「お金を稼がない」ことは、同時に存在しえません。２つのパラメーターとして設定された問題は、突き詰めればこのような背反する行動や変化の対立の状況に帰着します。

手順2 パラメーターの対立を分析する

問題を２つのパラメーターとして設定し、背反する行動や変化を認識したら、次に、この状況について時間、空間、条件の視点から詳細に分析していきます。具体的には、行動・変化により望む状況と望まない状況が発生するのは、「いつ（時間）」「どこ（空間）」「どのような条件（条件）」なのかをそれぞれ具体的に洗い出していきます。

まず、行動・変化が起こる場合についても考えます。このとき望むことは「改善すること」、望まないことは「悪化すること」です。そこで、次の質問に対する答えを考えます。

①行動・変化することにより、改善を望むのは、いつ、どこ、どのような条件か？
②行動・変化することにより、悪化を望まないのは、いつ、どこ、どのような条件か？

次に、行動・変化が起きない場合についても考えます。このとき望むことは「悪化しないこと」、望まないことは「改善しないこと」です。

③行動・変化しないことにより、悪化しないことを望むのは、いつ、どこ、どのような条件か？
④行動・変化しないことにより、改善しないことを望まないのは、いつ、どこ、どのような条件か？

①と④、②と③は本質的に同じ意味ですが、行動・変化が「起きる」「起きない」の両方の視点をもつことで、より俯瞰的に問題を分析し、「改善を望む」と同時に「悪化を望まない」という背反する状況を具体化できるようになります。これらの分析結果は以下のように表で整理しておくとよいでしょう。

	いつ	どこ	条件
改善を望む（①、④）			
悪化を望まない（②、③）			

これにより、「望むこと」と「望まないこと」が同時に発生するのが、いつ、どこ、どのような条件なのかがピンポイントでみえてきます。これらも以下のように表でまとめます。

	いつ	どこ	条件
パラメーターの対立が発生する			

これこそが「望む結果を得るためには行動・変化しなければならない」「望まない結果を避けるためには行動・変化してはならない」という背反が実際に起きているポイントであり、問題解決の糸口となる部分です。ここに何かしらの対策を講じることにより、状況はおおいに改善されるはずです。

大学生活の例で考える

以上の説明を踏まえて、先に設定した大学生活におけるパラメーターの対立を例に、次の質問への答えを考えていきましょう。

①お金を稼ぐことにより、趣味をもてることを望むのは、いつ、どこ、どのような条件か？

②お金を稼ぐことにより、時間を浪費することを望まないのは、いつ、どこ、どのような条件か？

③お金を稼がないことにより、時間を浪費しないことを望むのは、いつ、どこ、どのような条件か？
④お金を稼がないことにより、趣味をもてないことを望まないのは、いつ、どこ、どのような条件か？

本来は、それぞれの質問ごとに丁寧に向き合って考えたいところですが、紙面の都合上、今回は、①・④と②・③のそれぞれについてまとめて考えます。前提として、この問題を抱える本人は大学生活においてサークル活動を通じて趣味を楽しんでおり、その会費を支払うためにアルバイトをしてお金を稼いでいることとします。

①・④　お金を稼ぐことにより、趣味をもてることを望むのは（お金を稼がないことにより、趣味をもてないことを望まないのは）、いつ、どこ、どのような条件か？

いつ？

趣味をもてることを望むのはいつでしょうか？　趣味により生活全体が潤うと考えるのなら、これは「大学生活全体」でしょう。とくに、参加しているサークル活動で実際に趣味に没頭したり、同じ趣味をもつ仲間と交流したりしているとき、つまり、サークルの活動時間やその近辺でそのように感じるかもしれません。

どこ？

大学生活全体で趣味をもてることを望んでいるのであれば、大学生活が行われる場所（自宅、大学等）すべてにおいてこれを感じていることになります。サークル活動に必要なお金のために実施しているアルバイトの職場、サークル活動の場所では、とくに強く意識するのではないでしょうか。

どのような条件？

サークル活動の会費の支払いの日が近づいてくると、必然的に趣味を行うためにお金を稼いでいることを意識するのではないでしょうか。とくに十分なお金が手元にない場合にそれを強く実感するはずです。

②・③ お金を稼ぐことにより時間を浪費することを望まないのは（お金を稼がないことにより、時間を浪費しないことを望むのは）、いつ、どこ、どのような条件か？

いつ？

一般的に、大学生がアルバイトに時間を割くことが難しくなるのはいつでしょうか？　それはもちろん、授業が忙しいときや試験期間中となるでしょう。そのような条件で実際にアルバイトをしているときはそれを強く意識するでしょう。

どこ？

とくに、授業が忙しい時期や試験期間中はどこにいてもそれらの準備のことが気になり、もっと時間がほしいと考えるでしょう。とくにアルバイトの職場では勉強をすることができないので、これを強く意識するはずです。

どのような条件？

とくに授業や試験の準備ができていない場合、アルバイトに時間を割く余裕がなくなります。このような条件下ではアルバイトに時間を割くことを強くためらうでしょう。

これらを表にまとめると次のようになります。

	いつ	どこ	条件
趣味をもてることを望む	・大学生活全体 ・サークルの活動間	・大学生活に関連する場所 ・アルバイトの職場 ・サークル活動の場所	・サークル活動の会費の支払いの日に手元に十分なお金がない
時間を浪費することを望まない	・授業が忙しいとき ・試験期間	・アルバイトの職場	・授業や試験の準備ができていない

この結果を参照して、趣味をもつためにはお金を稼がなければならないが、時間の浪費を避けるためにはお金を稼いではならないという背反、つまりパラメーターの対立が起きるのは、具体的にいつ、どこ、どのような条件なのかを絞っていきます。

いつ？

趣味をもつことを望むのは、大学生活全体であり、そのなかでもとくにサークルの活動時間としました。一方で、時間の浪費を避けたいのは、授業が忙しいとき、試験期間となっています。つまり、趣味をもつためにお金を稼がなければならないと同時に、時間の浪費を避けるためにお金を稼ぐことができないという背反が起こるのは、授業が忙しいときや試験期間ということになります。

どこ？

趣味をもつことを望むのは大学生活に関連する場所であり、そのなかでもとくにサークルの活動の場所としました。一方で、時間の浪費を避けたいのは、アルバイトの場所となっています。授業や試験の準備で勉強する時間を確保したい場合、アルバイトの職場では勉強ができません。よって、背反が起きている場所はアルバイトの職場となります。

どのような条件？

さらに、「サークル活動の会費の支払いの日に手元に十分なお金がない」「授業や試験の準備ができていない」といった条件が重なってくると、事態がさらに深刻になることは明らかです。

	いつ	どこで	条件
「望むこと（趣味をもつ）」と「望まないこと（時間の浪費）」が対立する	・授業が忙しいとき ・試験期間	・アルバイトの職場	・サークル活動の会費の支払いの日に手元に十分なお金がない ・授業や試験の準備ができていない

手順 3 問題の解決策を考える

ここまでの手順を実施することで、行動や変化に背反が起こる状況が具体的にみえてくるはずです。問題は、その背反を取り除けば解決します。背反を取り除く視点として以下を検討します。

① 時間・空間・条件の視点から背反を除去する
② 背反を全体に分散させる
③ 必要な役割をほかの役割を果たす要素へ移行する

それぞれ引き続き大学生活の例を交えながら詳しく説明していきます。

①時間・空間・条件の視点から背反を除去する

時間的視点からの検討

先の分析により、パラメーターの対立が起きているのは具体的にいつなのかを特定しました。この結果をもとに、時間的視点から背反する行動・変化のみを取り除く方法を考えます。

大学生活の例で考える

先の分析でお金を稼ぐことに関して背反が起きているのは、授業が忙しい時期や試験期間中であることがわかっています。たとえば、これらの時期にアルバイトが重ならないようにスケジュールを組めば、背反を取り除けると考えられます。

空間的視点からの検討

先の分析により、パラメーターの対立が起きているのは具体的にどこなのかを特定しました。この結果をもとに、空間的視点から背反する行動・変化のみを取り除く方法を考えます。

大学生活の例で考える

先の分析により、背反が起きているのはアルバイトの職場であることがわかっています。たとえば、自宅から近い場所でできるアルバイトに変えるといった方法が考えられます。

条件的視点からの検討

先の分析により、パラメーターの対立が起きているのは具体的にどのような条件なのかを特定しました。この結果をもとに、条件的視点から背反する行動・変化のみを取り除く方法を考えます。

大学生活の例で考える

先の分析により、背反が起きているのは、サークルの会費の支払いが近づいてきたにもかかわらず、お金も時間的余裕もない場合であるとわかっています。たとえば、夏休みや冬休みといった長期休暇中にまとめてお金を稼いでおくことなどが考えられます。

②背反を全体に分散させる

パラメーターの対立を、全体的に分散させて解決します。たとえば、鎖をイメージしてください。鎖は硬い鉄でできていますが、全体的にはロープのような柔軟な性質をもちます。つまり、部分的には鉄の頑強さを保ちながらも、全体としては柔軟性を実現しています。背反を全体に分散させるとは、このような解決策を指します。この例は空間的な分散ですが、先に実施した分析結果を踏まえ、時間的、空間的、条件的に背反を全体的に分散させる方法も考えられます。

大学生活の例で考える

この例では、時間、空間、条件、どの視点からもお金を稼ぐことの背反が集中したために起きているとも考えられます。そこで、生活のなかの随所に存在する空き時間を利用してお金を稼ぐという方法はどうでしょうか。たとえば、オンライン上のみでやりとりできるアルバイトであれば、場所や時間を問わず、少しずつ取り組みながらお金を稼ぐことが可能となります。

③必要な役割をほかの役割を果たす要素へ移行する

先の分析の結果を踏まえ、必要な役割をほかの役割を担う要素に移行することにより背反を解消する考え方です。役割を移行する先のほかの要素としては、上位、下位、およびほかの役割を果たす要素といった視点で考えることができます。それぞれについてみていきます。

上位の役割を果たす要素に移行する

必要な役割を上位の役割を果たす要素に移行することを考えます。身近な例にスマートフォンがあります。私たちが快適な生活を送るために、もはやスマートフォンは必需品です。電話としての通話機能に加え、カメラ、ネットへの接続、お金の支払いやゲームや読書、さまざまな役割を担うようになったのはこの考え方だといえるでしょう。

 大学生活の例で考える

「お金を稼ぐ」の上位の役割は「趣味をもつ」が該当します。「お金を稼ぐ」という役割を、「趣味をもつ」という役割を実現している要素に移行するということなので、サークル活動そのものでお金を稼ぐといった発想に至ります。

下位の役割を果たす要素に移行する

必要な役割を、下位の役割を果たしている要素に移行することを考えます。これは、スマートウォッチがよい例かもしれません。急いでいるときに電話がかかってきたり、メッセージが届いたりすると、スマートフォンを取り出すのは面倒です。そこで、時間を知るために着用している腕時計にスマートフォンの役割を部分的に担わせていると考えることができます。

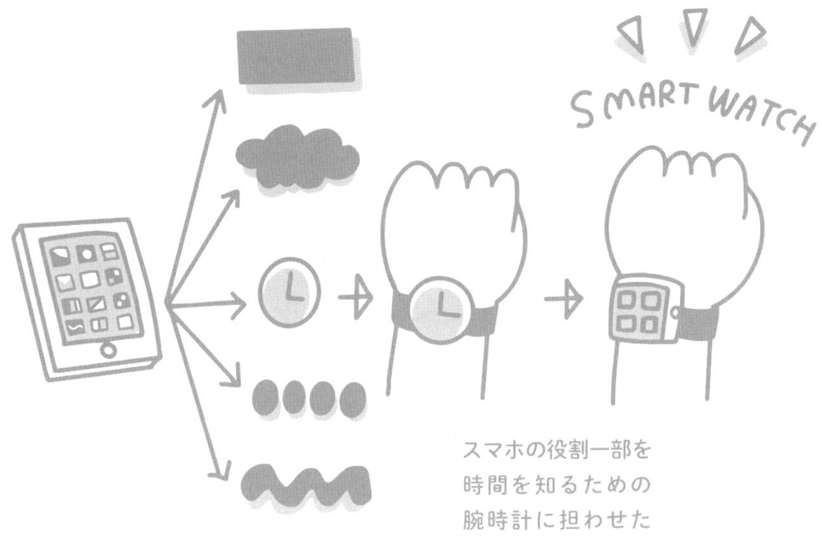

大学生活の例で考える

「お金を稼ぐ」という役割を実現するための役割、すなわち下位の役割は「アルバイトをする」ということになります。「趣味をもつ」という役割を、下位の「アルバイトをする」という役割に担わせる、つまり、アルバイトの仕事の内容を趣味と一致させるといった発想に至ります。

ほかの役割を果たす要素に移行する

まったく異なる役割を果たす要素に目をつけ、そこに必要な役割を担わせることを考えます。これもスマートウォッチが好例でしょう。近年、健康を気にする人が増えてきています。スマートウォッチで、1日の運動量、心拍数、睡眠などを観察し健康を管理することができます。健康管理という目的を腕時計という異なる目的を果たす要素に担わせていると考えることができます。

大学生活の例で考える

この例では、アルバイトで働くことによってお金を稼いでいるということにしていました。別の役割を担っている要素、たとえば、親からお金を借りるというのはどうでしょうか？

以上の問題設定とその分析、解決策の考え方をひと通り実施すれば、可能性のある問題解決への糸口のほとんどはみつけられるでしょう。さらに、200万件の特許から抽出された問題解決のパターンである40の発明原理を用いれば、さらに多くのアイデアを得ることができるでしょう。

そして、40の発明原理をKJ法と合わせて用いれば、アイデアをさらにブラッシュアップすることができます。40の発明原理とKJ法の詳細は巻末に示したので、ぜひ目を通してください。可能性のある解決策をすべて洗いだし、そのなかのどれかを実施しようと決断すれば、問題解決に向けて1歩踏みだすことができるはずです。

まとめ

- 問題に直面した場合は以下の手順で解決策を考えよう。
  ①対象を分析して問題解決の優先順位を決める
  ②問題を２つのパラメーターの対立として設定する
  ③パラメーターの対立を分析することにより、行動・変化の背反が起こるのは、いつ、どこ、どのような条件なのかを特定する
  ④行動・変化の背反を取り除く方法（解決策）を考える

Chapter 3

問題解決の方法論を使って研究テーマを考える

Point

- 問題解決の方法論は研究テーマの設定に応用することができる
- 研究テーマを設定するには、欠かせない情報がある
- 大学での研究は、問題解決の方法論を実践しスキルとして身につけるまたとない機会
- 日常生活で直面する問題の解決も、研究を通じた問題の解決も基本的には同じ
- 研究には人類が抱える問題解決を目指す研究と、探究そのものを目的とした研究がある

Introduction

ここでは、充実した大学生活を送るうえでカギとなる研究テーマについて説明します。研究テーマを設定するためのテンプレートを紹介し、以降の章において、問題解決の方法論を使って研究テーマや研究生活で直面するトラブルについて考えるための重要な指針とします。

3.1 充実した大学生活と研究テーマ

Chapter 2では、身近な大学生活における悩みを例に、企業で用いられている問題解決の方法論を紹介してきました。この方法論は、大学生活で多くの人が苦労する「研究」においても活用することができます。実は、私が本書を執筆した大きな理由は、研究生活で苦労している大学生にこの考え方を知ってほしいと考えたからです。この章では、先に紹介した問題解決の方法論を活用し、研究テーマを考える手順についてみていきます。

理工系か文系かに関係なく、大学生の多くは、学年が上がると指導教員の指導のもとで研究活動をすることになります。そこで最初に出くわすハードルが「研究テーマの設定」です。とくに理工系では、学生の取り組む研究テーマは、所属する研究室によって決められることが多いでしょう。そうなると、学生によっては指導教員の指示に従って作業をこなすだけになりがちです。これは、本当にもったいないと思います。研究活動に主体的に取り組むことができたら、その経験は卒業後の社会人生活でもおおいに役立つはずだからです。

かといって、学生が無理して自分で研究テーマを考えたとしても、あとで困ったことになる可能性が高いのも事実です。その理由のひとつに、研究テーマの設定では、高校や大学での成績を上げるためのノウハウが通用しないことがあります。教科書や参考書をすみずみまで記憶するような能力があるからといって、研究での評価につながることは期待できません。では、どのようにして高い評価を得るのでしょうか。残念ながら、研究に定石のようなものはなく、明確な正解は存在しません。知識の量だけでは太刀打ちできない世界がそこにはあります。だからこそ、本書で紹介するような方法論をまず身につけることが重要なのです。

もし、あなたが研究を開始する段階でこの方法を知っていれば、研究テーマを主体的に設定できるだけでなく、教員の指導を最大限に活用してよい成果をだすことにつながるはずです。すでに研究活動がはじまっている人にとっても、指導教員とのコミュニケーションがうまくいかない、自分の意見や見解をうまくまとめられない、という悩みを解消するのにも役立つでしょう。

与えられた研究テーマについて指示されるままに調査した結果、すでに成果に結びつき、比較的簡単に高く評価されることもあるかもしれません。しかし、長い目でみればそれにより身につくことはそれほど多くないと考えます。

大学を卒業、または大学院を修了した多くの人にとって、研究を通じて得た知識そのものが、その後の仕事に直接役立ったという話はあまり聞きません。むしろ、自らの力で大学の研究活動で直面する困難を乗り込えた経験こそが、一生の財産になるはずです。研究を続けていると、必ず壁に直面します。そのときの試行錯誤こそが、実りの多い経験となるでしょう。

3.2 研究テーマとは何か？

あなたが大学や大学院に入学したということは、あなたにとって何かしらの興味の対象がそこにあったからでしょう。そのとき、あなたは大学生活の集大成としてその対象に関する研究に取り組んでいる自分をイメージしたはずです。では、ここで私から質問したいと思います。

- あなたは、何について研究したいですか？
- あなたは、何について研究していますか？

人によってはナノテクノロジーやロボット、AI、宇宙の起源、新薬の開発などの答えが頭に浮かんだかもしれません。質問のしかたにもよりますが、このように質問されたときに、本気でそれを研究したいのであれば、以下の例のような答えが準備できているのが望ましいのではないかと思います。

〔例 1：工学分野のテーマ〕

機械製品の十分な耐久性の確保のためには、金属製部品の使用が必要である。しかし、この際、製品の軽量化が問題となる。その解決策として、耐熱性超硬質樹脂の使用が考えられる。これに関し、近年、耐熱性超硬質樹脂の機械的性質に着目した研究が行われている。しかし、過酷な使用環境における耐熱性超硬質樹脂の劣化に関する知見は得られていない。そこで本研究では、オイルミストと耐熱性超硬質樹脂の関係に着目し、オイルミスト濃度による耐熱性超硬質樹脂の強度への影響を調査する。オイルミスト濃度の調整はミスト発生装置により行い、耐熱性超硬質樹脂の強度の測定は引張試験により行う。

〔例２：政治学分野のテーマ〕
国家の発展のためには、優秀な人材の育成が必要である。しかし、この際、政府支援を受けた人材の国外への流出が問題となる。その解決策として、優秀な人材の国外流出防止政策の実施が考えられる。これに関し、近年、世界各国における人材流出に着目した研究が行われている。しかし、発展途上国における海外留学による人材流出に関する知見は得られていない。そこで本研究では、留学経験とA国政府の支援を受けて留学を実現したA国出身者の関係に着目し、留学先での経験による留学生の母国への貢献に対する考え方への影響を調査する。留学先での経験の調整は日本の大学・大学院への留学を実現したA国出身者を対象とすることにより行い、留学生の母国への貢献に対する考え方の測定はインタビューにより行う。

〔例３：経済学分野のテーマ〕
経済の発展のためには、国内産業の活性化が必要である。しかし、この際、環境汚染が問題となる。その解決策として、適切な政策の実施が考えられる。これに関し、近年、環境汚染の要因に着目した研究が行われている。しかし、政府により企業に与えられる国内産業活性のためのインセンティブの影響に関する知見は得られていない。そこで本研究では、地域政策と企業活動の関係に着目し、各地域のインセンティブ政策による環境汚染への影響を調査する。各地域のインセンティブ政策の調整はラフォンのモデルにより行い、環境汚染の測定はモデルを分析することにより行う。

あなたが今後、研究をするのであれば、こういった文章とは何度となくかかわるようになるでしょう。あなたが研究したいテーマについての論文を読むように指導教員や先輩から指示されたとしたら、このような文章を読むことになります。もちろん、論文を書くときには、あなた自身もこのような文章を書かなければなりません。

本来、先の例に含まれるような内容はできれば研究をはじめる前に、少なくともゼミや研究室に入って研究に取り組むと決まったときにしっかりと考えるべきだと私は思っています。この過程をおざなりにして研究をはじめるということは、研究テーマに関する理解が浅いまま研究を進めることを意味します。へたをすると、何をやればいいかわからないまま時間だけが過ぎてしまうでしょう。私が知るかぎり、とくに理工系では、もともと研究室で取り組んでいたテーマを引き継ぐケースが多く、研究テーマについてしっかり考える機会はあまりないようです。最初はうまくやり過ごしても、何かしらの壁に直面してから、自分がやってきた研究とは何だったのかわからなくなるということはままあると感じてます。

3.3 研究テーマのためのテンプレート

「研究」というと、とにかく何かすごいことをやらないといけない気がしますが、それは少し違うというのが私の考えです。研究では、確かに“世界ではじめてのこと”に取り組みます。しかし、これ自体はそれほど難しいことではありません。極端な例ですが、実は、あなたがやっていることの多くは世界初です。たとえば、あなたが今朝、コンビニでお茶を買ったという行為も、その瞬間にそのお店でその店員さんからそのペットボトルのお茶を購入したという意味では間違いなく世界初です。もちろん、これにたいした意味はありません。研究も同様で、研究設備などあなたの置かれた環境で行う調査はどれも世界初でしょう。そこに、論理をうまく積み上げることで、小さな世界初の活動が大きな意味をもちはじめます。

ここでは、Chapter 2 で紹介した問題解決の方法論の考え方を応用して、このテンプレートを埋めていくことにより、研究テーマを考える手順を提案します。

ここで種明かしです。先ほど紹介した３つの研究テーマの例は、共通して次のテンプレートに従って作成しています。

テンプレート

(1) のためには、(2) が必要である。しかし、この際、(3) が問題となる。その解決策として (4) が考えられる。これに関し、近年、(5) に着目した研究が行われている。しかし、(6) に関する知見は得られていない。そこで本研究では、(7) と (8) の関係に着目し、(9) による (10) への影響を調査する。(9) の調整は (11) により行い、(10) の測定は (12) により行う。

＊各空欄には名詞形の語句が入る。

このテンプレートは、先述したVEとTRIZによる問題解決のためのプロセスを参考に作成したものです。あらゆる研究は、人類が直面する何かしらの問題の解決を目指しており、あなたも、研究を通じてその問題解決に貢献したいと考えていることを前提としています。そのためには、あなたが研究を行う際には、ほかの研究者によるこれまでの研究を踏まえたうえで成果を出し、それをほかの研究者が理解できるように発信できなければなりません。このように、あなたの研究を、人類全体による壮大な問題解決のプロセスの一部とみなせば、VEとTRIZの問題解決の方法論を適用できます。その結果、問題意識や成果の共有のために提示しなければならない情報は、ある程度決まってきます。それがこのテンプレートの12カ所の空欄です。どのような分野でも、研究の内容、つまり研究テーマは、これらの情報の要素により設定できるということです。

ここで、先述した研究テーマの例を再掲します。例1は工学、例2は政治学、例3は経済学と、分野はまったく異なっていますが、どれも先に示したテンプレートが使われていることを確認して下さい。

〔例1：工学分野のテーマ〕

(1)機械製品の十分な耐久性の確保 のためには、(2)金属製部品の使用 が必要である。しかし、この際、(3)製品の軽量化 が問題となる。その

解決策として (4)耐熱性超硬質樹脂の使用 が考えられる。これに関し、近年、(5)耐熱性超硬質樹脂の機械的性質 に着目した研究が行われている。しかし、(6)過酷な使用環境における耐熱性超硬質樹脂の劣化 に関する知見は得られていない。そこで本研究では、(7)オイルミスト と (8)耐熱性超硬質樹脂 の関係に着目し、(9)オイルミスト濃度 による (10)耐熱性超硬質樹脂の強度 への影響を調査する。(9)オイルミスト濃度 の調整は (11)ミスト発生装置 により行い、(10)耐熱性超硬質樹脂の強度 の測定は (12)引張試験 により行う。

〔例 2：政治学分野のテーマ〕

(1)国家の発展 のためには、(2)優秀な人材の育成 が必要である。しかし、この際、(3)政府支援を受けた人材の国外への流出 が問題となる。その解決策として、(4)優秀な人材の国外流出防止政策の実施 が考えられる。これに関し、近年、(5)世界各国における人材流出 に着目した研究が行われている。しかし、(6)発展途上国における海外留学による人材流出 に関する知見は得られていない。そこで本研究では、(7)留学経験 と (8)A 国政府の支援を受けて留学を実現した A 国出身者 の関係に着目し、(9)留学先での経験 による (10)留学生の母国への貢献に対する考え方 への影響を調査する。(9)留学先での経験 の調整は (11)日本の大学・大学院への留学を実現した A 国出身者を対象とすること により行い、(10)留学生の母国への貢献に対する考え方 の測定は (12)インタビュー により行う。

〔例 3：経済学分野のテーマ〕

(1)経済の発展 のためには、(2)国内産業の活性化 が必要である。しかし、この際、(3)環境汚染 が問題となる。その解決策として、(4)適切な政策の実施 が考えられる。これに関し、近年、(5)環境汚染の要因に着目した研究が行われている。しかし、(6)政府により企業に与えられる国内産業活性のためのインセンティブの影響に関する知見は得られていない。そこで本研究では、(7)地域政策と(8)企業活動の関係に着目し、(9)各地域のインセンティブ政策による(10)環境汚染への影響を調査する。(9)各地域のインセンティブ政策の調整は(11)ラフォンのモデルにより行い、(10)環境汚染の測定は(12)モデルを分析することにより行う。

もし、あなたが取り組んでみたい研究テーマがあったとして、少なくともこのテンプレートを埋めることができなければ、そのテーマは明確に設定されているとはいえないでしょう。研究に着手したとしてもどこかで必ず行き詰まるはずです。研究にテーマを定義するために必要な情報を抜け漏れなく理解するには、このテンプレートを活用し、検討するとよいでしょう。

3.4 研究テーマを構成する要素

では、「研究テーマを設定する＝このテンプレートの空欄に適切な語句を入れる」という考え方についてみていきましょう。

ここでは、漠然ともっている問題意識を問題解決の方法論とテンプレートを使って研究テーマへと落とし込む考え方を、順を追って説明していきます。

まず、このテンプレートは、次のように５つの部分（背景問題、解決策、学術的問題、調査内容、調査方法）に分類されます。

これらの５つの部分についてそれぞれ説明していきましょう。

① 背景問題

(1)のためには、(2)が必要である。しかし、この際、(3)が問題となる。

分野を問わず、あらゆる研究は最終的に何かしらの問題解決に貢献するために行われているはずです。その研究の背景にある問題を「背景問題」とよぶことにします。

② 解決策

その解決策として (4) が考えられる。

背景問題に対して、さまざまな解決策を考えることができます。実際に、多くの人がさまざまな問題解決の方法論を提案しているはずです。そのなかから、あなたが可能性を感じて選んだ方法を「解決策」とよぶことにします。

あなたが可能性を感じたとしても、その解決策をそのまますぐに実現できることはまれでしょう。もし、それが実現できていたのならば、そもそも背景問題は存在しないはずです。ほとんどの場合、解決策を実現するためには、明らかにしなければならないことがたくさん存在するはずです。

③学術的問題

これに関し、近年、(5) に着目した研究が行われている。しかし、(6) に関する知見は得られていない。

明らかにしなければならないことに直面した場合、まず研究においては専門書や論文を調査するべきでしょう。しかし、それでもわからないことは必ず存在します。専門的に調査したにもかかわらず、わからなかったこと、これを「学術的問題」とよぶことにします。

④ 調査内容

そこで本研究では、(7) と (8) の関係に着目し、(9) による (10) への影響を調査する。

「学術的問題」は、調査を実施することにより解決されます。そこで、「学術的問題」を効果的に解決するためには何を調査するべきなのかを考えます。これを「調査内容」とよぶことにします。

⑤ 調査方法

(9) の調整は (11) により行い、(10) の測定は (12) により行う。

「調査内容」にて示した内容を調査するためにはその方法を考えなければなりません。これを「調査方法」とよぶことにします。

Chapter 2 で紹介した問題解決の方法論を使えば、研究テーマの構成要素である①～⑤の部分について効果的に考えられて、それぞれの項目をブラッシュアップすることが可能です。

3.5 研究テーマを設定する手順

ここからは Chapter 2 で紹介した問題解決の方法論を応用して研究テーマを設定する手順を説明します。基本的には、研究テーマの構成要素である①～⑤の順に、テンプレートの空欄の語句を埋めていき、研究テーマを構築していきます。空欄を埋める際には、いい回しなどはあまり細かく気にせず、違和感のないように必要な情報を抜け漏れなく記述することを優先してください。この語句の組合せが学術的に意義のあるものであれば、それは立派な研究テーマといえるでしょう。

- 手順1「背景問題」を決める
- 手順2「解決策」を決める
- 手順3「学術的問題」を決める
- 手順4「調査内容」を決める
- 手順5「調査方法」を決める

手順1 「背景問題」を決める

先述しましたが、研究では分野を問わず何かしらの問題を解決することを目的としているはずです。これを背景問題とよぶことにしました。まずは、その問題を設定しなければなりません。

Chapter 2で説明したとおり、2つのパラメーターの対立であることを意識して以下のテンプレートを用いて問題を設定しましょう。もちろん、背景問題は、解決に値する重要なものを選ぶべきです。Chapter 2で述べた手順を使って、重要と思われる問題を設定するとよいでしょう。

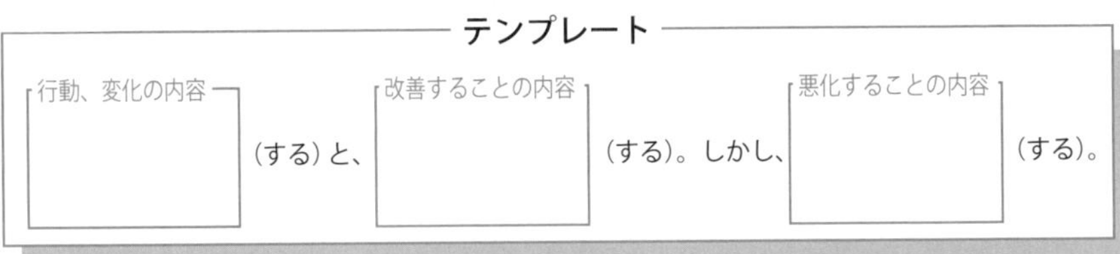

これを踏まえて以下のテンプレートを埋めれば、背景問題を設定することができます。

> (1) のためには、(2) が必要である。しかし、この際、(3) が問題となる。

手順2 「解決策」を決める

手順1で設定した2つのパラメーターの対立を解消するため、どのような方法があるのかを考えます。ここで、Chapter 2で紹介した問題解決の考え方に従い、空間、時間、条件の視点から対立を取り除く方法を検討します。

これらの視点から対立を分析したなら、その問題には複数の解決策が考えられるはずです。そのなかから、あなたが最も解決できる可能性が高いと考えるものを1つ選びましょう。その結果を以下のテンプレートを用いて記述します。

> その解決策として (4) が考えられる。

ここまでに、背景問題を解決するための方向性が決まりました。解決策を思いついても、本当にそれがうまくいくかはわかりません。解決策の実現のためには、何を明らかにしなければならないのかを考えます。これはテンプレートの (5) に該当します。

明らかにしなければならないことは、設定した背景的問題や解決策により、まったく異なった内容になってしまいます。それゆえ、背景問題や解決策がブレないように意識しましょう。

手順3 「学術的問題」を決める

明らかにしなければならいことを考えたら、それに関連した文献を調査します。文献を調査しても、なおまだ明らかにされていないことがあるはずです。これはテンプレートの (6) に該当します。これについては、Chapter 4で詳しく説明します。

明らかにされていないことを以下のテンプレートに記述し、「学術的問題」とします。

> これに関し、近年、(5) に着目した研究が行われている。しかし、(6) に関する知見は得られていない。

手順4 「調査内容」を決める

「学術的問題」の解決策は、あなたが実施する調査において、「何か（図3-1の○○）」が「何か（図3-1の××）」にどのように影響を与えているかを観察することであるはずです。その観察のためには、それぞれの属性に着目して、その変化による影響を記録するといったことしなければなりません。

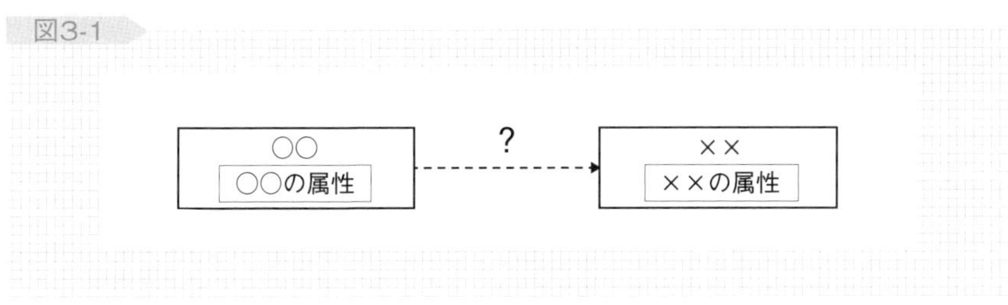

これを踏まえ、あなたが調査しようとしていることについて、以下のテンプレートを記入します。

そこで本研究では、(7)と(8)の関係に着目し、(9)による(10)への影響を調査する。

手順5　「調査方法」を決める

手順4で設定した調査内容を実施するためには、「○○の属性」をなんらかの方法で調整し、「×× の属性」の変化をなんらかの方法で測定しなければなりません。つまり、調整方法と測定方法を明記する必要があります。

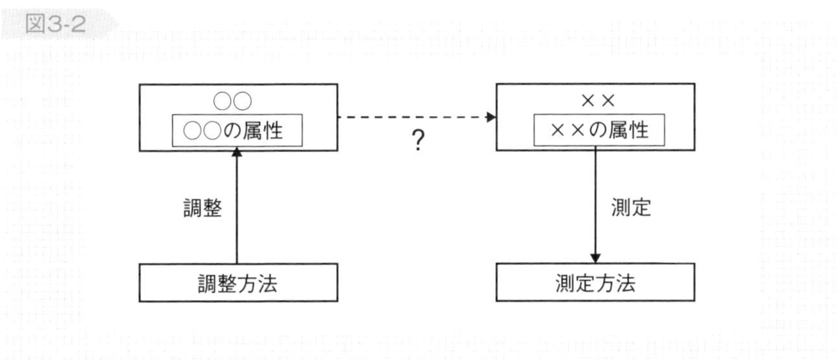

「○○の属性」の「調整方法」と「×× の属性」の「測定方法」を考えて、テンプレートを埋めます。

(9)の調整は(11)により行い、(10)の測定は(12)により行う。

大学生活の例で考える

では、実際に研究テーマを考える例としてChapter 2で扱った大学生活の問題に関してテンプレートを埋めてみましょう。本当の研究ではまず間違いなく扱われないテーマでしょうが、研究テーマを設定する考え方への導入と理解してください。またこの例を通じて、日常生活で直面する問題の解決も、研究を通じた問題の解決も、基本的には同じであると実感しましょう。

①「背景問題」を決める

> (1) のためには、(2) が必要である。しかし、この際、(3) が問題となる。

Chapter2では手順に従い大学生活を分析して、その問題の所在を特定しました。そして、問題を2つのパラメーターの対立として定義するためのテンプレートを用い、問題を以下のように設定したことを思いだしましょう。

> 行動、変化の内容：お金を稼ぐ（する）と、改善することの内容：趣味をもつことができる（する）。しかし、悪化することの内容：時間を浪費してしまう（する）。

設定した2つのパラメーターの対立を意識しながら、背景問題のテンプレートを埋めます。

> (1) 大学生活におけるサークル活動 のためには、(2) アルバイト が必要である。しかし、この際、(3) 時間の浪費 が問題となる。

②「解決策」を決める

> その解決策として (4) が考えられる。

設定された2つのパラメーターの対立に関し、時間・空間・条件などの視点から分析すれば、さまざまな解決策のアイデアを考案できると説明しました。ここでは、「親からお金を借りる」という解決策を採用したと仮定して考えます。設定した解決策をテンプレートに入れると次のようになります。

> その解決策として［(4) 親からの借金］が考えられる。

③「学術的問題」を決める

> これに関し、近年、［(5)　］に着目した研究が行われている。しかし、［(6)　］に関する知見は得られていない。

解決策を思いついたものの、それがすぐに解決につながるわけではありません。解決策を実行するには、明らかにしなければならないことが必ず存在します。この例の場合、親からお金を借りようという解決策を思いついたものの、親が本当にお金を貸してくれるのかはわかりません。

実際の研究であれば、明らかにしなければならない事項に関して先行研究の調査、つまり文献調査を行います。つまり、論文などを読みます。この問題の場合、さすがに論文や関連書籍はないでしょうから、視点を変え、SNSなどを調べてみます。SNSであれば、同じような試みをした人の情報はたくさん手に入るはずです。この研究テーマではこれらを調べることを文献調査としましょう。

SNSの情報を調べた結果、授業料や学費などのさまざまな理由で親からお金を借りている、もしくは借りようとしても貸してもらえなかった経験をもつ人がいるとわかったものの、サークル活動の資金を借りたいという理由で親から借金したという情報はみつからなかったとします。そもそも、自分の親がどのような反応を示すのか予想がつきません。この状況を踏まえ、以下のようにテンプレートを埋めます。

これに関し、近年、(5)大学生による親からの借金 に着目した研究が行われている。しかし、(6)親は大学のサークルのためにお金を貸してくれるのか に関する知見は得られていない。

ちなみに、この「学術的問題」も「背景問題」と同様に2つのパラメーターの対立として設定される「問題」です。これについては、のちほど詳しく説明します。

④「調査内容」を決める

そこで本研究では、(7) と (8) の関係に着目し、(9) による (10) への影響を調査する。

調べてもわからないのであれば、自分で調査するしかありません。しかし、考えつくことすべてを調査するのは不可能なので、焦点を絞って具体的に何を調査するのかを決めなければなりません。「調査内容」では、明らかにされていないことに関連した「何か」と「何か」の関係、つまり、調査の際に具体的に観察する対象を考えます。これがテンプレートの (7) と (8) に該当します。もちろん、自分の置かれた環境下で実施可能な調査を計画しなければなりません。観察するのは、観察の対象とした「何か」と「何か」のそれぞれの属性ということになります。これがテンプレートの (9) と (10) に該当します。

考えた結果、両親と一緒に暮らしている弟にお願いして、自分の代わりに両親に借金を申込んでもらい、両親がどのような反応をするかを観察してみることにしました。弟自身はお金を借りる必要はありませんが、弟に対する両親の反応をみて、自分がお金を借りることができるか否かの判断材料にしようと考えたのです。つまり、調査において着目するのは「弟」と「両親」の関係で、観察の対象となるのは「弟からの借金依頼」による「両親の回答への影響」です。したがって、以下のようにテンプレートを埋めます。

そこで本研究では、(7)弟 と (8)両親 の関係に着目し、(9)弟から両親への借金の依頼 による (10)両親の回答 への影響を調査する。

「弟にわざわざ頼まずにさっさと自分でお金を貸してくれと親に頼めばよいではないか？」と思う人もいるかもしれませんが、似たような状況は実社会でもたくさんあります。たとえば、ある病気が人類にどのような影響を及ぼすかが知りたかったと仮定しましょう。最も手っ取り早いのは、病気を人類全体に蔓延させることかもしれません。しかし、その方法だと多くの犠牲者が出てしまう可能性があります。病気の犠牲者を減らしたくてその研究をするのに、多数の犠牲者をだすことになれば、本末転倒です。そこで、実際に感染した人たちのみを観察し、さまざまな状況下における人類への影響を予測します。これは、自分ではなく弟に借金を依頼してもらうのと似ていると思いませんか。

⑥「調査方法」を決める

［(9)　］の調整は［(11)　］により行い、［(10)　］の測定は［(12)　］により行う。

実際にこの調査を通じて知見を得るには、弟に借金の依頼を実行してもらうように調整し、それによって得られた両親の回答を教えてもらわなければなりません。つまり、調整と測定が必要になります。弟に相談したところ、「お金が必要である」ということにして、弟が試しに両親に相談してくれることになりました。結果は電話で報告してくれるとのこと。したがって、テンプレートは次のように埋められます。この部分のテンプレートの考え方については、のちほど詳しく説明します。

［(9) 弟から両親への借金の依頼］の調整は［(11) 電話による依頼］により行い、［(10) 両親の反応］の測定は［(12) 弟に報告してもらうこと］により行う。

調査の内容・調査の方法の関係を図にまとめると、図 3-3 のようになります。

実際の研究においても、「何か」と「何か」の関係に着目し、片方の「何か」の属性を調整してから、それによるもう片方の何かの属性への影響を測定するというプロセスがとられます。

図3-3

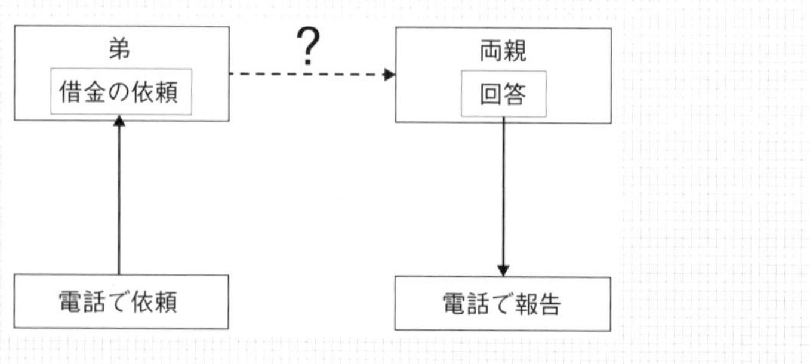

以上のテンプレートの文章をまとめると、次のようになります。

(1)大学生活におけるサークル活動 のためには、(2)アルバイト が必要である。しかし、この際、(3)時間の浪費 が問題となる。その解決策として (4)親からの借金 が考えられる。これに関し、近年、(5)大学生による親からの借金 に着目した研究が行われている。しかし、(6)親は大学のサークルのためにお金を貸してくれるのか に関する知見は得られていない。そこで本研究では、(7)弟 と (8)両親 の関係に着目し、(9)弟から両親への借金の依頼 による (10)両親の回答 への影響を調査する。(9)弟から両親への借金の依頼 の調整は (11)電話による依頼 により行い、(10)両親の回答 の測定は (12)弟に報告してもらうこと により行う。

実際には大学の研究でこのようなテーマは扱わないでしょう。しかし、研究活動であれ日常生活であれ、同様の手順で解決策を考えることができます。Chapter 2で紹介した方法論を実際に使って研究を主体的に進めることは、問題解決のよい訓練になりそうに思いませんか？　就職などで専門分野が変わってしまうとしても、この方法論を実践し、スキルとして身につけたことは有効であり続けるのです。

3.6 探究型の研究テーマについて

ここでは、何かを明らかにすることそのものが目的となっている研究テーマ（これを探究型の研究テーマとよぶことにします）について注意喚起も含めて説明します。

文献調査をしたり、先輩や同僚の研究をみたりして、あなたはいろんな研究に触れるはずです。その人たちの多くは、次のように研究テーマを設定しているかもしれません。

〔事例 A：医学分野の研究テーマ〕
近年、生活習慣病に着目した研究が行われている。しかし、発展途上国における生活習慣に関する知見は得られていない。そこで本研究では、発展途上国である A 国民の生活と糖尿病の関係に着目し、生活習慣に関連する各因子による糖尿病の発生率への影響を調査する。生活習慣に関連する各因子の調整は適切な被験者の選定により行い、糖尿病の発生率の測定は被験者の通院状況の観察により行う。

〔事例 B：文学分野の研究テーマ〕
近年、唐代文学の平安時代の日本文学への受容に着目した研究が行われている。しかし、唐代の小説が王朝文学に与えた影響に関する知見は得られていない。そこで本研究では、唐代伝奇と源氏物語の関係に着目し、唐代伝奇の夢に関する記述による源氏物語の夢に関する記述への影響を調査する。唐代伝奇の夢に関する記述の調整は源氏物語の古注釈書の参照により行い、源氏物語の夢に関する記述の測定は唐代伝奇と源氏物語の共通点と相違点の比較により行う。

これを読むと、先に紹介したテンプレートとは違うと思うかもしれません。しかし、実はこれらは、先ほどのテンプレートの次の灰色の部分が省略されているだけです。

(1) のためには、(2) が必要である。しかし、この際、(3) が問題となる。その解決策として (4) が考えられる。これに関し、近年、(5) に着目した研究が行われている。しかし、(6) に関する知見は得られていない。そこで本研究では、(7) と (8) の関係に着目し、(9) による (10) への影響を調査する。(9) の調整は (11) により行い、(10) の測定は (12) により行う。

上の例のように、筆者や読者にとってあまりに当たり前だと考えられる場合には、この灰色の部分、①背景問題、②解決策などについて、あえて言及しないこともあります。たとえば、研究を通じて解決したい問題が誰にとっても明らかであると考えられる場合に省略されがちです。次の例をみてください。これは先の［事例 A：医学分野の研究テーマ］に、①背景問題、②解決策を加えたものです。

(1) 幸せな生活 のためには、(2) 健康 が必要である。しかし、この際、(3) 病気 が問題となる。その解決策として (4) 予防や治療 が考えられる。これに関し、近年、(5) 生活習慣病 に着目した研究が行われている。しかし、(6) 発展途上国における生活習慣 に関する知見は得られていない。そこで本研究では、(7) 発展途上国である A 国民の生活 と (8) 糖尿病 の関係に着目し、(9) 生活習慣に関する各因子 による (10) 糖尿病の発生率 への影響を調査する。(9) 生活習慣に関する各因子 の調整は (11) 適切な被験者の選定 により行い、(10) 糖尿病の発生率 の測定は (12) 被験者の通院状況の観察 により行う。

人は誰しも、健康で幸せに暮らしていきたい、可能なかぎり病気を避けたいと考えているはずです。そのために予防医療や治療は発展し、多くの研究者がいまなお病気の原因を明らかにしようとしています。これはあえて説明するまでもないでしょう。

病気の原因などから、病気にかかる法則を明らかにする学問を「疫学」といいます。なぜそのような学問があるかというと、先に述べたとおり、健康で幸せに暮らしていきたいからです。疫学の専門家が研究について議論する場合には、これらの背景問題や解決策はあまりに当たり前であり、あえて言及する必要がないと判断され省略しても差し支えないはずです。

次は、[事例B：文学分野の研究テーマ] に背景問題と解決策を加えたものです。これには、明らかにされていないことそのものが背景問題である事例です。何かについて明らかにされていないという問題を解決するには、明らかにされていないことをひとつひとつ明らかにしていくしかありません。

> (1)文学の理解 のためには、(2)種々の文学作品に関する研究 が必要である。しかし、この際、(3)日本文学における作品についての未解明事項 が問題となる。その解決策として (4)平安時代における日本文学の研究 が考えられる。これに関し、近年、(5)唐代文学の平安時代の日本文学への受容 に着目した研究が行われている。しかし、(6)唐代の小説が王朝文学に与えた影響 に関する知見は得られていない。そこで本研究では、(7)唐代伝奇 と (8)源氏物語 の関係に着目し、(9)唐代伝奇の夢に関する記述 による (10)源氏物語の夢に関する記述 への影響を調査する。(9)唐代伝奇の夢に関する記述 の調整は (11)源氏物語の古注釈書の参照 により行い、(10)源氏物語の夢に関する記述 の測定は (12)唐代伝奇と源氏物語の共通点と相違点の比較 により行う。

例外もあるかもしれませんが、とくに文学や理学などは、未知の解明そのものが目的になっている分野の学問といえるでしょう。この場合、ある対象について明らかにされていないということが常に研究の背景問題となり、それを明らかにしていくことが解決策となります。そういった分野では、研究者が何を明らかにしなければならないのかはすでに共有されているとみなされ、あえてそこに言及しない場合が多いようです。

しかし、私はこの省略がときに混乱を招いていると考えています。それは、どの分野のどのような研究においても、あたかもここで紹介した探求型であるかのように研究テーマを設定できてしまうからです。つまり本来、その研究を通じて解決すべき背景問題を無視して、独りよがりな学術問題そのものを問題にできてしまうのです。このような場合、あなたが成果だと感じる結果をだしたとしても、指導教員や研究室の仲間に受け入れられてもらえない状況が生じます。

私はこれまでに、自分も含め研究が暗礁に乗り上げてしまった多くの学生や研究者に出会ってきました。その多くは、これが原因だったのではないかと想像しています。日々、研究に没頭していると視野が狭くなってしまいがちです。あなたの研究が独りよがりなものにならないためにも、背景問題、解決策を常に関係者と共有したうえで学術的問題について議論するよう意識して取り組むべきでしょう。

Column 大学で研究するということ

問題解決の方法論を身につけていれば、とるべき行動を主体的に導きだすことができます。このスキルはどの分野にも応用できるので、研究を通じてこれを実施すれば成果がどうであれ、人生に必要な能力は確実に向上します。とくに、困難な問題に直面した際、とることができる解決策の選択肢は限定的であり、そういうものだと割り切ってくよくよ悩まずに行動に移せるようになるのも利点かもしれません。いずれにせよ、この方法論を意識して研究活動に取り組めば、再現性のある問題解決の経験を積めるということです。

ここまで読んでくれたみなさんの多くは、独創的な研究テーマをみつけることからはじめなければならないと考えた人もいるかもしれませんが、必ずしもそうではありません。研究室は、ある共通したテーマについて研究したい人が集まっている場所でもあるからです。明確な目的意識をもって研究室に入ったのであれば、この問題に直面することはあまりないと思いますが、指導教員の専門が合わないといったトラブルは比較的よく耳にします。まずは、その研究室が研究を通じて何を目指しているのかを把握するようにしましょう。

研究がはじまると、もしかしたら、「まずは研究テーマを自分なりに考えてみなさい」といわれるかもしれません。そんなときは、その研究室もしくは指導教員の認識する学術的問題、調査内容、調査方法を情報を収集しながら理解する努力をしましょう。自分のやりたいことが自由にできるわけではないと残念に感じる人もいるかもしれません。しかし、指導教員のもとで研究をする意義は、とくに調査内容・調査方法についての専門的で詳しい指導を受けられることです。その道をきわめた専門家から直接指導を受けられる機会は、この先そう何度も訪れないでしょう。また、実験装置や顕微鏡などの備品や図書館など、研究が可能な施設が整っているというのも、大学だからこそです。

まとめ

- ☑ 研究テーマは５つの要素（①背景問題、②解決策、③学術的問題、④調査内容、⑤調査方法）によって成っている
- ☑ これらはそれぞれ、テンプレートと問題解決の方法論を使って考えることができる
- ☑ 研究を通じて問題解決の方法論を実践することで、スキルとして身につけることができる
- ☑ 探究型の研究テーマには注意しよう

Chapter 4

研究室に入る前に考えるべきこと

Point

- 一時的な流行で専門分野や研究室をなんとなく決めると、あとで後悔する可能性が高い
- 充実した研究生活を送るためには、目的意識を明確にして研究室を選ぶべきである
- 研究室を選ぶために、興味のある論文を整理して、学術的問題を自分なりに設定してみよう
- 研究テーマのテンプレートや問題解決の方法論は、専門分野や研究室を決めるうえでも有効である

Introduction

ここでは、Chapter3 で紹介した研究テーマのテンプレートと問題解決の方法論を用いて、専門分野や研究室を選ぶための考え方を紹介します。ここで紹介することは、できれば研究室に入る前に実践しておくのが望ましいと思います。けれども、すでに研究室に所属している人が実践しても、自分の進むべき道を改めて考えるためのよい指針となるでしょう。

4.1 研究室を選ぶときに考えるべきこと

Chapter 3では、問題解決の方法論と研究テーマの関係を説明しました。とくに研究テーマのテンプレートと、それを構成する各項目について詳しく説明しました。私がなぜこのようなことを考えるようになったのかというと、職業柄、さまざまな分野の学生が研究で悩む姿を多く目にし、彼らの相談に乗ってきたからです。彼らが研究生活において、どのようなことに障壁を感じるのかを親身になって聞いているうちに、研究生活で行き詰まるのには、ある程度のパターンがあることに気づきました。そして、その状態を打破する何かよい方法を提案ができないものかと考えるようになり、企業で働いていた頃に触れた問題解決の方法論（VE, TRIZ）に目をつけました。

ここでは、Chapter 3の内容を応用して、問題解決の方法論を使って、研究室に入る前を中心にあなたが準備できること、つまりあなたが選ぶべき専門分野や研究室を選ぶ方法を紹介します。充実した大学生活を送るには、研究生活がうまくいくことが条件だといってもいいでしょう。だからこそ、どのような専門分野を選び、どのような研究室を希望するのか、できるだけ早期に徹底的に考え抜いておいても損はないでしょう。もうすでに、研究室にいる人も、ここで紹介する考え方を使っていま一度、なぜ自分はその専門分野を選んだのか、何がやりたくてその研究室に入ったのかを整理してみることをおすすめします。

問題解決の方法論を使った考え方を習得すれば、自分が漠然と達成したいと考えている目的が明確になります。研究や勉強、仕事、何においても、目的が明確であるほどモチベーションが維持され、困難な状況に直面しても心が折れることもなくなるはずです。また目的が明確であれば、本当に必要なことにだけに取り組めるので、むだなことに費やす時間の軽減にもつながるでしょう。

4.2 専門分野を選ぶ手順

大学で充実した研究生活を送るには、研究がうまくいくことが条件であり、それを実現するには、自分に合った専門分野や研究室を選ぶことが必要不可欠であると述べました。自分に合わない専門分野や研究室に所属してしまったがために、大学生活そのものが台なしになる可能性も十分にあり得ます。専門分野や研究室は、いったん決まると変更するのは難しいはずです。できないことはありませんが、そのためには大学を中退して別の大学を受験し直すなど、費用面や時間的な問題が新たに発生するので現実的ではありません。そうならないように、自身の専門分野や研究室の選択については、しっかり時間を使って考えたいものです。

大学では、進学後にまずは基礎的なことを学び、徐々に学ぶ内容の専門性が高まり、区切りのよいところでより細分化された高度な専門分野を選ぶ機会を与えられます。そのタイミングはおそらく２年生の後期くらいにやってくるでしょう。この時点で、どの分野に進むべきか悩む人も多いと思います。とくに悩んでいないという人も含め、ぜひともこのタイミングで、自分がその専門分野を学んで何をしたいのかを立ち止まって考えてみてはいかがでしょうか。今後の大学での学びを充実させるためにも、有意義な時間になるはずです。とくにそのときの流行に流され、「何となく興味がある」「面白そうだ」という理由だけで専門分野を選んでいる人は、改めて考えてみてください。これから経験する研究生活を考えると、具体的なストーリーを思い描いておくほうがよいからです。

専門分野を選んだ理由は、具体的であればあるほど他者に説明しやすくなります。たとえば、あなたがもし自動車工学を専門分野とするつもりならば、「子どもの頃から自動車が好きだったから」というよりは、「世界中の子どもたちが健康に暮らせるよう、地球温暖化の解消に少しでも貢献したい。だから環境にやさしいEV車の開発に取り組みたい」というほうが説得力が増します。もちろん、そのほうが自分のなかでのモチベーションも高まることでしょう。

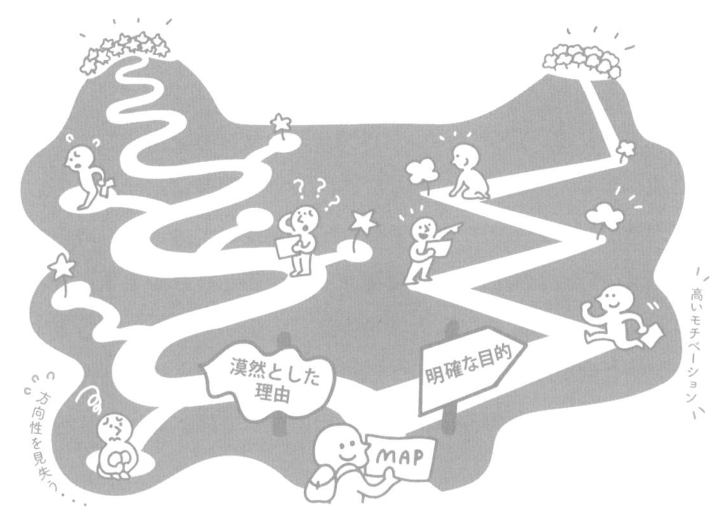

またこのように、自分の研究や専門分野を選択した理由を他者に具体的に説明できるようにしておけば、似たような目的をもつ人に出会う確率も高くなります。研究や専門分野の仲間ができれば、意見やアイデアの交換による相乗効果がもたらされ、研究生活自体もより面白くなるはずです。

そもそも自分がその専門分野を選択した理由をある程度他者に説明できるレベルにまでしておかないと、後述するように研究室を選ぶ際にも困ってしまうかもしれません。

ここからは、Chapter 3で紹介した研究テーマのテンプレートと問題解決の方法論を活用して、あなたが進むべき専門分野を決めるにあたり、次の手順で考えていくとよいでしょう。

手順1 興味の対象を分析する
手順2 対象における問題をみつける
手順3 問題の解決策を考える
手順4 可能性の高い解決策を選ぶ

問題意識をしっかりもっている人は、誰かにいわれるまでもなく、このようなプロセスを経て専門分野を選んでいるはずです。しかし実際、多くの人は、そのときの流行など、「何となく興味がある」からという理由で専門分野を選びがちです。あなたが大学で学ぶべき専門分野を決めることは、人生にとっても重要な局面です。ぜひとも、徹底的に考えて自分なりの決断をみつけましょう。

手順1 興味の対象を分析する

専門分野を決めるために、まずは、あなたの興味の対象についてあなた自身の認識を整理する必要があります。そこで、Chapter2の「2. 3 問題のみつけ方の手順」(p.18) で紹介した手順を、「大学生活」ではなく、人類が解決しなければならない問題などあなた自身が興味のある対象でやってみましょう。もちろん、その対象はあなたが大学で学んでいることに関連したものにします。

まずは、その対象を要素に分割することからはじめます。その要素が多過ぎる場合は、対象が漠然とし過ぎていたということなので、重要な対象を要素のなかから選んでしぼる必要があるでしょう。それができたら、それぞれの要素の役割を整理します（図4-1）。これは、「2.3 問題のみつけ方の手順」(p.18) にある手順1～4に相当します。

手順2 対象における問題をみつける

次に、手順1で整理した各要素の役割の生産性について考えていきます。これは「2.3 問題のみつけ方の手順」の手順5（p.25）に相当します。ただし、この場合は、「大学生活」の例や企業のように、時間やお金を役割に分配して評価するといったことは難しいでしょう。とはいえ、その役割を実現するため

図4-1

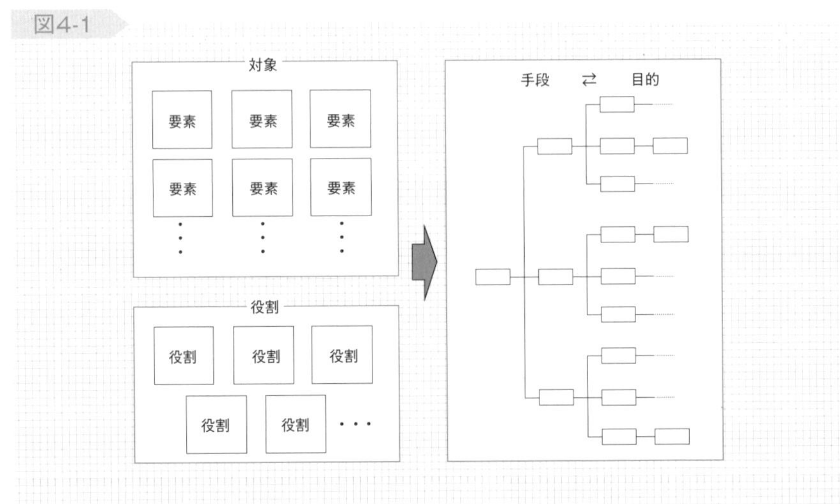

にどのような代償を払わなければならないかを自分なりに考え、それぞれの役割のための活動の生産性を評価してみてください。そして、生産性が高いと思われる役割のなかからあなたの興味と合致し、かつ、あなたが解決したいと強く思えるものを問題としていくつか選びます。

手順3 問題の解決策を考える

手順2で選んだ問題に対して、Chapter 2の「2.4 問題解決に向けた手順」(p.31)のプロセスを実施し、それぞれの問題について解決策を考えます。ここでは、問題を解決するために現在、世界ではどのような研究が行われているのかを調べる必要もあるでしょう。情報は、新聞や本、ネットから探せばこの段階では十分だと思います。また、巻末の40の発明原理やKJ法も活用すれば新たな視点を得ることもできます。

手順4 可能性の高い解決策を選ぶ

手順3の段階で背景問題の解決策は複数考えられているはずです。しかし、あなたが取り組むことができるのは、せいぜいそのうちの1つか2つでしょう。

そこで、この時点であがっている解決策のなかから最も可能性があると思われるものを選びます。選んだ解決策を実行するために必要な知識を学ぶのに最適な分野こそが、あなたが進むべき専門分野です。

ここで専門分野の選択に関連して１つ強調しておきたいことがあります。それは、大学は、問題の解決策を教えてくれる場所ではないということです。大学が教えてくれるのは、問題の解決策を実現するためにすでに行われていることを詳しく理解するための基礎知識でしょう。よく「高校で学ぶことには正解があったが、大学では答えがないことを学ぶ」といったことを耳にしますが、それはこの辺りの実情を指していると私は考えます。もし、ある問題において具体的な解決策が確立されているなら、大学の専門分野としては扱われていないはずです。

手順１～４は、次の研究テーマのテンプレートの「背景問題」から「解決策」の部分までを考えるプロセスに相当しています。

> ［(1)　］のためには、［(2)　］が必要である。しかし、この際、［(3)　］が問題となる。その解決策として［(4)　］が考えられる。

これで、あなたが選ぶべき専門分野について、より深く具体的に考察できるようになったというわけです。

ここまでで紹介した思考を実施できるかどうかは、知識の量や深さは関係ありません。むしろ、本人のモチベーションの問題だといえます。これについては、あなたに答えを教えられる人はいませんし、あなたが導きだした答えに対して文句をいえる人もいません。ですから、まずはしっかりと自分なりに考えてみることが重要です。

Column 問題なのは問題不足？

本書は、すでに大学に入学した人を想定して執筆しています。それゆえ、ここではまず専門分野の選び方を提案しましたが、本来ならばこれは大学に入る前に考えておくのが望ましいと考えています。世の中にどのような問題があるのかを認識し、その解決に貢献したいと願う強い動機のもと、そのために必要な知識を得られる大学や学部を選ぶというのが本来あるべき姿であったはずです。

たとえば、病気で亡くなる人を救いたいから医学部へ行く、障がいをもつ人びとにもフレンドリーな社会を実現するための技術を開発したいから工学部を選ぶ、という具合です。解決したい問題が、大学入学の時点で明確になっていれば、研究室やゼミ選びで悩んだり失敗したりする人は少なくなるのではないでしょうか。おそらく、そこまで考えられていない人が大学生になってモヤモヤとした悩みを抱えてしまうのではないかと思っています。

多くの高校生は進学する大学を検討する際に、自分が解決したいと思うような世の中の問題についてあまり考えないのではないかと思います。ほとんどの人が、大学で何を学ぶかについては深く考えずに、大学の知名度や偏差値などで進学先を決めているのではないでしょうか。

ただし、これはしかたのないことだと私は考えています。なぜなら、現代の日本で生きているかぎり、人類が直面している深刻な問題を身近に感じる機会は少ないからです。もちろん、財政赤字、少子高齢社会や自然災害など、問題がないわけではありません。しかし、かつては日本でも身近だった戦争や飢餓、疫病などのように、直ちに命にかかわるような深刻さはないといってもいいでしょう。これらの問題は、当時は子どもから大人まで、誰の目にも明らかであったと想像します。それに比べると現代の日本は平和で、豊かであることが当たり前で、ほとんどの人が自分専用のスマートフォンやパソコンをもっています。この状態で、高校生がかつてのような問題意識をもって学業や研究を志すのは難しいでしょう。現代は、多くの人が明確な問題意識や動機ををもてないまま、大学に入らざるを得ない状況なのかもしれません。

直ちに命にかかわる問題が身近にあれば、それを解決するためにがんばっている人を周囲は応援するでしょう。それにより、本人もやる気が出るはずです。しかし、近年の日本はそのような状態からは遠ざかっているような気がします。よくも悪くも、みんなが一丸となって解決しなければならないと思える問題が明確でないのが、いまの日本です。もちろん、これはある意味恵まれているということです。しかし、各個人が異なる価値観をもつことができるがゆえに、衝突が起こり、抱えてしまうストレスがあるのかもしれません。誤解を恐れずにいうと、これは「問題不足」とでもよぶべき状態で、ある意味ではこれこそが現代の日本の問題の１つなのかもしれません。

私は現在、中央アジアのウズベキスタンという国に住んでいます。ここは近年、大統領の主導のもと、急速な経済発展を遂げています。確かに、インフラの整備も整っておらず、生活面では不便なことがたくさんあります。「問題不足」の対局に位置する「問題だらけ」の状況です。しかし、国民がそれぞれできることをみつけ､それを解決していこうという前向きな雰囲気はひしひしと感じます。日々接する大学生も、そこで得た知識でウズベキスタンよくしようという気概に満ち溢れていますし、実際、ウズベキスタンの生活環境は年々改善されています。

日本では、便利で豊かな生活を送れることは確かです。しかし、どこか閉塞感や窮屈さを感じるのは、この「問題不足」の状況により、ウズベキスタンのように、今日よりも明日がよくなるという確信を得にくいことが理由ではないかと思います。だからこそ、本書で紹介している問題解決の方法論のような、問題を意識的に探しだし、その解決に意欲的に取り組むためのスキルは、特定の分野の専門知識と同じくらい注目されるべきと私は考えています。

4.3 自分に合った研究室を選ぶために

基本的に大学生は３～４年から研究室に配属され、そこで指導を受けて研究し、論文を提出し、大学を卒業します。

ほとんどの大学では、入りたい研究室の希望を出せますし、その希望は成績がよい人から優先的に通ることが多いはずです。もちろん、希望があるならそのとおりにすればよいと思います。しかし、研究室をどのように選んだらよいのか戸惑っている人もいるのではないでしょうか。

ここで気をつけたいのが、話題になっているから、流行っているからという安易な理由だけで研究室を選ぶことです。どの分野においても時代のブームというものがありますが、自分がやりたいことは何か、そのためにはどのような専門性を高めるべきかをしっかり考えずにそれに流されてしまうと、のちのち困ることになるかもしれません。

そこで、ここではあなたの現状に合った研究室をどのように選べばよいかを提案します。

研究室を選ぶときに考えてほしいこと

研究室を選ぶにあたっても、研究テーマのテンプレートや問題解決の方法論を使います。研究室を選ぶには、すでに「背景問題」「解決策」が自分のなかでしっかりと固まっている必要があります。この手順については、4.2 節で説明したとおりです。

研究室に配属される時点でこれができていない人は、できている人に比べて「モチベーションが低い」「問題意識がない」「何も考えていない」という評価をされてしまうかもしれません。そうならないためにも、「専門分野を選ぶための考え方」と併せて、この先を読み進めてください。

研究室を選ぶにあたり、背景問題と解決策を確固たるものにしたうえで、学術問題、つまり次のテンプレートを埋めることを考えます。

> これに関し、近年、[(5)]に着目した研究が行われている。しかし、[(6)]に関する知見は得られていない。

研究室選びは、確固たる問題意識にもとづく学術的問題を設定し、その解決につながる活動ができそうなグループを選ぶことに相当します。繰り返しになりますが、ただなんとなく興味がある、ブームだからと、安易な感覚で選ぶのは避けましょう。成績がよかったため、あまり深く考えずに選んだ研究室への希望が通ってしまったことが災いし、自分が興味をもてない研究活動に巻き込まれ、つらい状況になってしまう学生は少なくありません。

論文の集め方

研究室を選ぶためには、学術的問題を設定する必要があると述べました。学術的問題の設定については研究室を選ぶ前に自分で一度チャレンジしてみることをおすすめします。そのためには、論文などの文献を調査する必要があります。しかし、これについて大学で習う機会はこれまでにほとんどなかったかもしれません。あったとしても、それほど重要とは思わずにスルーしていた人も多いのではないでしょうか。よって、まずは研究室を選ぶための論文の探し方や読み方を少し紹介します。ぜひともこれを活用し、自分で集めた論文をもとに学術的問題を設定してみましょう。

論文のタイトルや概要は、論文検索データベースである Google Scholar で検索することができます。興味のあるキーワードで検索してみると、関連する論文がヒットします。運がよければダウンロードできて論文を入手できます。ダウンロードできなくても論文がどこかに存在していることはわかります。いずれにせよ、ヒットした結果から興味のある論文を選んでみましょう。

論文が入手できない場合、多くの論文は大学の図書館を通じてアクセスが可能です。大学の図書館を通じてアクセスできない場合でも、ほとんどの論文は日本のどこかの図書館を通じて入手できます。たとえば、国立情報学研究所（NII）が運営する日本の雑誌記事・論文を検索できるデータベース「CiNii」を使えば、どの図書館で検索した論文を手に入れられるのかがわかります。有料でコピーを取り寄せることもできます。また、論文の著者に直接コンタクトをとるという方法もあります。内容に興味がある旨を伝えれば、論文を提供してくれるかもしれません。

多くの大学の図書館では、こういったデータベースの活用も含めて、文献調

図4-2

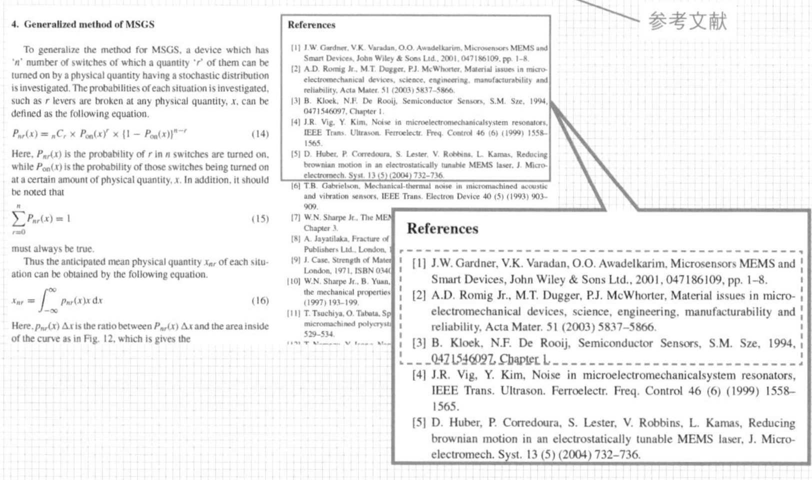

1. Introduction

Microsystems technology is having a huge impact on the design and development of sensors. It is now possible to produce micro sensors such as accelerometers and gyroscopes that are just a few hundreds of microns in size with integrated signal processing electronics [1–3]. While this is a marvelous achievement, the nature of the sensing element and its mode of operation have changed little compared to its macroscopic origin.

4. Generalized method of MSGS

To generalize the method for MSGS, a device which has 'n' number of switches of which a quantity 'r' of them can be turned on by a physical quantity having a stochastic distribution is investigated. The probabilities of each situation is investigated, such as r levers are broken at any physical quantity, x, can be defined as the following equation.

$$P_{nr}(x) = {}_nC_r \times P_{\mathrm{on}}(x)^r \times \{1 - P_{\mathrm{on}}(x)\}^{n-r} \quad (14)$$

Here, $P_{nr}(x)$ is the probability of r in n switches are turned on, while $P_{\mathrm{on}}(x)$ is the probability of those switches being turned on at a certain amount of physical quantity, x. In addition, it should be noted that

$$\sum_{r=0}^{n} P_{nr}(x) = 1 \quad (15)$$

must always be true.

Thus the anticipated mean physical quantity x_{nr} of each situation can be obtained by the following equation.

$$x_{nr} = \int_{-\infty}^{\infty} p_{nr}(x)x\,\mathrm{d}x \quad (16)$$

Here, $p_{nr}(x)\,\Delta x$ is the ratio between $P_{nr}(x)\,\Delta x$ and the area inside of the curve as in Fig. 12, which is gives the

References

[1] J.W. Gardner, V.K. Varadan, O.O. Awadelkarim, Microsensors MEMS and Smart Devices, John Wiley & Sons Ltd., 2001, 047186109, pp. 1–8.
[2] A.D. Romig Jr., M.T. Dugger, P.J. McWhorter, Material issues in microelectromechanical devices, science, engineering, manufacturability and reliability, Acta Mater. 51 (2003) 5837–5866.
[3] B. Kloek, N.F. De Rooij, Semiconductor Sensors, S.M. Sze, 1994, 0471546097, Chapter 1.
[4] J.R. Vig, Y. Kim, Noise in microelectromechanicalsystem resonators, IEEE Trans. Ultrason. Ferroelectr. Freq. Control 46 (6) (1999) 1558–1565.
[5] D. Huber, P. Corredoura, S. Lester, V. Robbins, L. Kamas, Reducing brownian motion in an electrostatically tunable MEMS laser, J. Microelectromech. Syst. 13 (5) (2004) 732–736.
[6] T.B. Gabrielson, Mechanical-thermal noise in micromachined acoustic and vibration sensors, IEEE Trans. Electron Device 40 (5) (1993) 903–909.
[7] W.N. Sharpe Jr., The MEM … Chapter 3.
[8] A. Jayatilaka, Fracture of … Publishers Ltd., London, …
[9] J. Case, Strength of Mater… London, 1971, ISBN 034…
[10] W.N. Sharpe Jr., B. Yuan, … the mechanical properties … (1997) 193–199.
[11] T. Tsuchiya, O. Tabata, Sp… micromachined polycryst… 529–534.

References

[1] J.W. Gardner, V.K. Varadan, O.O. Awadelkarim, Microsensors MEMS and Smart Devices, John Wiley & Sons Ltd., 2001, 047186109, pp. 1–8.
[2] A.D. Romig Jr., M.T. Dugger, P.J. McWhorter, Material issues in microelectromechanical devices, science, engineering, manufacturability and reliability, Acta Mater. 51 (2003) 5837–5866.
[3] B. Kloek, N.F. De Rooij, Semiconductor Sensors, S.M. Sze, 1994, 0471546097, Chapter 1.
[4] J.R. Vig, Y. Kim, Noise in microelectromechanicalsystem resonators, IEEE Trans. Ultrason. Ferroelectr. Freq. Control 46 (6) (1999) 1558–1565.
[5] D. Huber, P. Corredoura, S. Lester, V. Robbins, L. Kamas, Reducing brownian motion in an electrostatically tunable MEMS laser, J. Microelectromech. Syst. 13 (5) (2004) 732–736.

査の方法など詳しく教えてくれるサービスを提供しています。こちらも活用するとよいでしょう。

ここまで、キーワードから関連する論文を検索する方法を説明してきましたが、探した論文からほかの論文を掘り起こすという探し方もあります。論文を読んでいくと、その論文が参照している論文（参考文献）が示されています。図4-2のように、文中に番号を示し、論文の最後のリストに詳しい情報が掲載されています。

論文を読んでいて、もっと詳しく知りたいことが出てきたら、論文が参照している参考文献も入手してみましょう。もちろん、論文は英語の場合もありますが、最近は「Google 翻訳」や「DeepL」など高性能の AI 自動翻訳機能が手軽に使えます。これらのツールを積極的に活用すれば、英語の論文からも情報を集めることはできるでしょう。

学術的問題を設定する手順

ここからは、研究室を選ぶために、集めた論文を整理して、学術的問題を設定することを考えます。まじめに講義に参加していれば、研究室に配属されるまでにはある程度の専門知識が身についているはずです。論文などもある程度は読めるようになっているでしょう。ただし、それは論文の内容をすべて理解できるという意味ではありません。大学に入学した頃に比べれば、少し雰囲気がつかめるようになっているという程度です。論文を読んでみて、詳しい内容がほとんど理解できなくても、この時点では心配する必要はありません。研究室を選ぶという目的においては、その知識で十分に対応できるはずです。次の手順１～４を実施し、あなたのに学術的問題をつくり上げてみましょう。

- 手順１ 論文を集める
- 手順２ 必要な情報を抽出する
- 手順３ 論文の成果を整理する
- 手順４ 学術的問題を設定する

手順１ 論文を集める

ここまでの手順に従い思考を展開してきたのであれば、現時点であなたの問題意識は以下のテンプレートで設定できているはずです。

> (1) のためには、(2) が必要である。しかし、この際、(3) が問題となる。その解決策として (4) が考えられる。

あなたは背景問題を解決する手段として、［(4)］が最も可能性があると考えていることを意味します。そこで、［(4)］の実現に関連した論文を集めて、これまでに具体的にどのような研究が進んでいるのかを把握する必要があります。論文を30本以上集めれば、何かがみえてくるでしょう。100本以上集めればかなりのものですが、とりあえずは肩に力を入れすぎず10 ~ 30本を目指して探してみるとよいでしょう。

手順2 必要な情報を抽出する

論文を集めたら、もちろんそれらを読んでいきます。先にもいいましたが、この時点で論文を詳しく理解することは難しいでしょうし、その必要もありません。漠然と論文を読み進めるのではなく、研究テーマのテンプレートに照らし合わせながら論文を読み進めましょう。まずはその論文があなたの意図した背景問題の解決策に関するものであるかどうかを確認しましょう。これは手順1で示したテンプレートの部分に該当します。

次に、論文の著者の学術的問題を確認します。テンプレートの以下の部分です。

> これに関し、近年、［(5)］に着目した研究が行われている。しかし、［(6)］に関する知見は得られていない。

ここで、研究者が論文を発表する目的について少し考えてみましょう。ここまで確認したとおり、論文の著者である研究者も、背景問題や解決策を設定しています。背景問題や解決策の設定には［(5)］を明らかにする必要があり、そのためには［(6)］を明らかにしなければならないことを踏まえ、これを学術的問題として設定しています。この学術的問題を解決しようと、以下のテンプレートに該当する内容の調査を実施しています。

> そこで本研究では、［(7)］と［(8)］の関係に着目し、［(9)］による［(10)］への影響を調査する。

そして研究者は、論文の紙面のほとんどを割いて、その調査の方法やその結果、考察から学術問題の解決に貢献したこと、本研究が解決策の実現に意義があったことを主張します。

これらを手段と目的のロジックで整理すると、図 4-3 のようになります。

図4-3

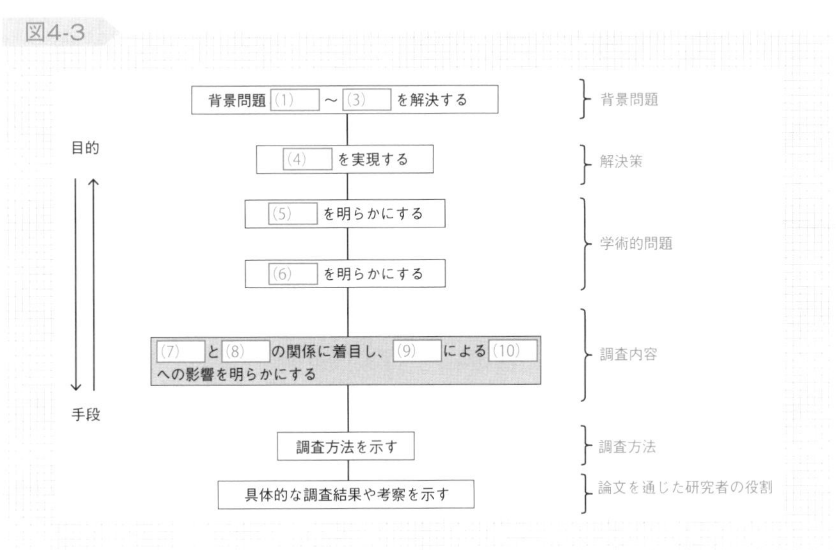

さて、あなたが論文から情報を収集する目的を思いだしてください。それは、あなたが興味をもった対象の分野で行われている研究を把握することでした。実は、この目的のためには、調査方法や結果、考察はそれほど重要ではありません。重要なのは、論文の著者である研究者が具体的にどのような成果を残したのか、つまり調査の内容です。そこで、論文の背景問題、解決策、学術的問題があなたの想像した内容と大きく異ならないことを確認したうえで、調査内容を、テンプレートを意識して抽出し、記録します。これに関しては論文の著者と所属も記録します。

論文から得られる知見は、さまざまな選択肢のなかから著者が必要性を感じて実施した、たったひとつの調査の結果です。複数の論文からこれらの情報を抽出し、整理すれば、あなたが興味をもった対象分野の研究のおおまかな全体像を把握することができるでしょう。

論文から情報を抽出するヒントを紹介します。研究室を選ぶために学術的問題を考えるなら、じっくり読むのはアブストラクトだけで十分かもしれません。アブストラクトとは、論文の冒頭に掲載されている論文の要約です（図 4-4）。ここだけは、時間をかけて目を通しましょう。

こんなに適当に論文を読んでもよいものかと思う人もいるかもしれません。しかし、論文をがんばって全部読むのは、研究室に入ってからでよいと思います。研究室では先生や先輩の支援を受けられるし、何よりその研究テーマについて議論できる相手がいるという環境が手に入ります。

せっかく手に入れた論文をすべて理解できないまま放置することにストレスを感じるかもしれませんが、この段階で理解できないことやわからないことがあっても気にする必要はありません。もう一度いいますが、ここで集めなければならない情報は、あなたが設定した背景問題の解決策である［(4)　］を実現するためにどのような研究が行われているかの概観です。論文の著者たちの具体的な成果や今後の課題など、細かいことはあまり気にせず分野の動向をピックアップすることに集中しましょう。

図4-4

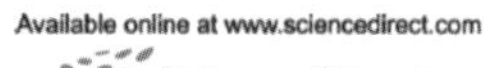

Sensors and Actuators A 134 (2007) 615–621

www.elsevier.com/locate/sna

Group sensor method with statistics

Kiyohisa Nishiyama *, Mike C.L. Ward, Raya Khalil AL-Dadah

The University of Birmingham, Department of Mechanical and Manufacturing Engineering, Birmingham, Westmidland B152TT, United Kingdom

ココ！

Received 23 March 2006; received in revised form 15 May 2006; accepted 29 May 2006
Available online 7 July 2006

Abstract

The development of MEMS technology has made it possible to fabricate a large number of tiny mechanical sensors of micro or nanometer dimension at low cost. These tiny mechanical sensors are inevitably affected by thermal noise due to their small mass to surface area ratio more seriously than existing macroscopic devices. In this paper, a new sensor concept that uses large arrays of microswitches subjected to thermal noise to sense a wide range of physical parameters is presented. The quantification of the sensor performance has been determined by the statistical states of the microswitch array. Not only does this new method provide a true digital sensor, but it also produces a sensor with additional attractive features such as high resolution and gentle failure characteristics. The new sensors can be described as digital sensors, since they avoid the usual DC/AC conversion.

Keywords: Noise; Sensor; Switch; Statistic; Measurement theory; MEMS

手順3 論文の成果を整理する

次に、手順2で抽出した論文の成果を整理していきます。まずは、記録した調査内容を適当に1つ選びます。そして、それに近い調査内容の論文を残りの論文から1つか2つ探します。これを1つのグループとし、論文の調査内容を総括して、「…を明らかにする」という形式でタイトルをつけます。このような作業を繰り返し、すべての調査内容を2～3個ずつのグループに分類します。ここで、どこにも所属しない調査内容があっても構いません。同様の作業を作成したグループで実施します。この手順はKJ法とよばれています。KJ法の詳細については巻末資料を参照してください。その結果は、図4-5のようになるでしょう。

図4-5において、収集した調査内容と各グループのタイトルが、手段と目的の関係になっていることを確認しましょう。末端に配置されている各研究者による調査内容は、グループのタイトルとした「…を明らかにする」ための手段です。そしてこれらはすべて、最終的には解決策である (4) を実現する

ことが目的であることを思いだしてください。以降の説明のため、(4)を実現するための研究は、大きくグループAとグループBに分類されたことにします。

図4-5

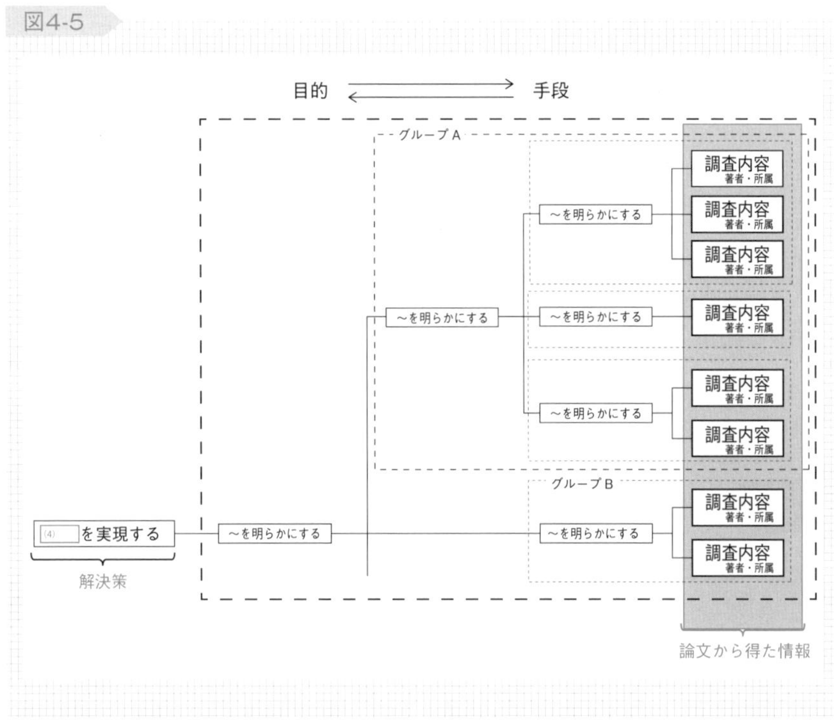

手順4 学術的問題を設定する

集めた論文の成果を整理したら、それをもとに学術的問題を考えます。あなたが読んだすべての論文にはもちろん、著者である研究者による学術的問題が設定されていたはずです。しかしそれらは、あくまでその人たちの学術的問題です。ここでは、手順２の結果にもとづき、あなた自身の学術的問題を探す考え方を提案します。

Chapter 2の「問題のみつけ方の手順」では、取り組むべき問題を決めるために実現に向けた活動の生産性が低い要素の役割を探そうと説明しましたが、研究の場合、“生産性が低い” とはどういうことでしょうか。

この場合、「～を明らかにする」という成果を実現するために払う代償が大きい状態、そのままですが、「明らかにされていないこと」がそれに該当します。知りたいことに関して多くが明らかにされていれば、論文を調べたり、論文により提示されている法則に従って、結果を予測したりすることもできるでしょう。しかし、それが明らかにされていない場合には、実際にやってみるしかありません。場合によっては、お金や時間が無限にかかってしまうかもしれません。

そこで、あなたがやるべきは、得られている知見が少ない分野をみつけだすことです。たとえば図 4-5 では、グループ B がそれにあたります。グループ A では多数の論文が確認される一方で、グループ B では 2 本しか論文がありません。これはあくまで 1 つの目安に過ぎませんが、グループ B に関連した調査は、着目されたのが最近で、論文が少なく、それに関する知見はまだ得られていないと考えることができます。

その結果にもとづき、図 4-6 に示すロジックの関係を確認しながら、次ページのテンプレートを埋めましょう。これが、あなたの学術的問題です。

図4-6

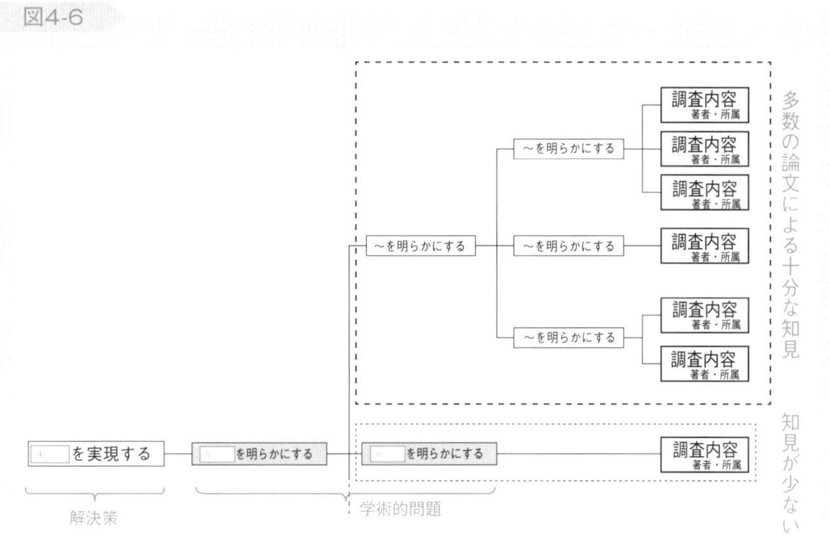

> これに関し、近年、 (5) に着目した研究が行われている。しかし、 (6) に関する知見は得られていない。

研究室を選ぶときは、まずはたくさんの論文から学術的問題を自分なりに設定して考えることをおすすめします。あなたが興味をもった分野に関してまだ明らかにされていないと思われることを、ぜひとも一度は自分で探してみましょう。

大学生活の例で考える

さて、ここまでの手順を、Chapter 2でも使った大学生活の例でみてみましょう。「サークルのための資金がほしくて親にお金を借りる」という事例に関する論文や文献はまずないでしょう。そこで、ブログやSNSから集めた情報を同様にまとめていくことを想定します。ブログやSNSは論文ではありませんが、基本的に調査としての考え方は同じです。

ブログやSNSで親族からお金を借りようとした体験談を書いた記事がいくつかみつかりました。これらを書き込みによる調整の結果とみなし、調査内容のテンプレートを意識して、情報を次の表のように記録します。

書き込み主	書き込みの内容	調査内容
文系学部生（女性）	海外旅行に行くために父親からお金を借りようとしたら断られた。そこで、母親に頼んだところ、いくらかお金を借りることができた。	「海外旅行に行くための借金の依頼」による「両親」への影響
文系学部生（男性）	就職先が決まり、就職活動が終わったので卒業旅行を企画した。就職後、給料から返済することを約束し、父親から旅行資金を借りた。	「卒業旅行に行くための借金の依頼」による「父親」への影響
理工系大学院生（男性）	冬休みに温泉旅行に行くために来月のバイト代で返済する約束で、旅行資金を姉から借りた。	「温泉旅行に行くための借金の依頼」による「姉」への影響

書き込み主	書き込みの内容	調査内容
テニス部高校生（男性）	社会人になったあとに返済するという約束で、祖母からテニスラケットの購入資金を借りた。	「テニスラケットを購入するための借金の依頼」による「祖母」への影響
文系学部生（女性）	学生ローンによる負担について説明し、両親から大学の授業料を借りた。	「大学の授業料のための借金の依頼」による「両親」への影響
理工系大学院生（男性）	卒業研究が忙しくアルバイトができず、お金がなくなってしまい、大学院の入学金を両親から借りた。	「大学院の入学金のための借金の依頼」による「両親」への影響

これらを先の説明に従って整理すると図 4-7 のようになります。

図4-7

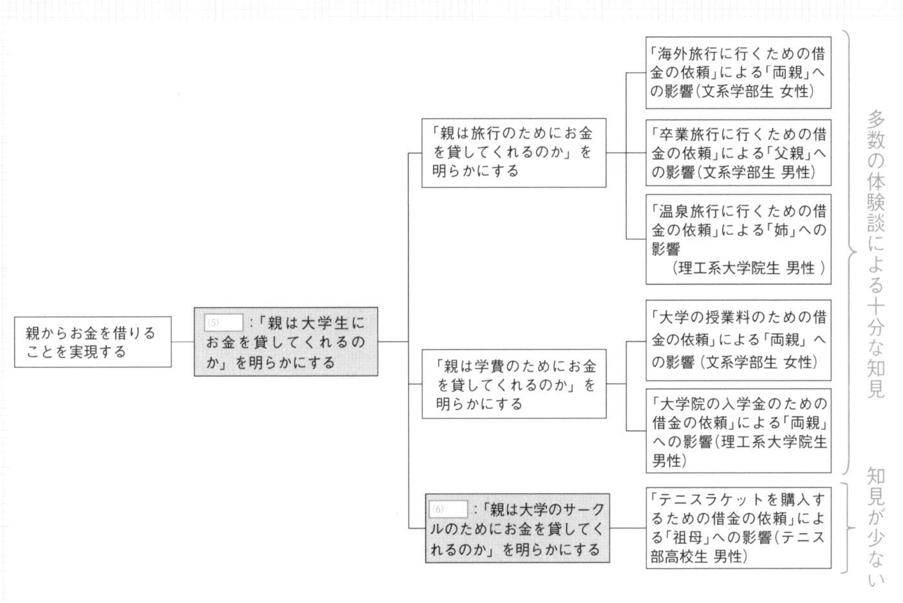

「親は旅行のためにお金を貸してくれるのか」「親は学業のためにお金を貸してくれるのか」については、いくつかの体験談がみつかり、比較的お金を借り

られそうな印象を受けました。しかし、「親は大学のサークルのためにお金を貸してくれるのか」についての体験談は、テニス部の高校生が祖母からお金を借りた事例しかみつからず、自分でなんらかの手段により調査するしかないという結論に至りました。そこで、以下のように学術的問題を設定します。

これに関し、近年、(5)親は大学生にお金を貸してくれるのか に着目した研究が行われている。しかし、(6)親は大学のサークルのためにお金を貸してくれるのか に関する知見は得られていない。

何かわからないことがある場合には、それに関してこれまで実施された調査に関する情報、この例の場合はブログやSNSを調べて得た情報を整理すると、まだ十分に明らかにされていない分野がみえてきます。その分野をあなたが明らかにする必要があると感じたならば、自分で調べてみようということになります。これが学術的問題の考え方です。

4.4 研究室を選ぶ

研究室を選ぶことは、これまでに設定した学術的問題の解決策を追求する場所を決めるということです。

研究室を選ぶ際には、まず研究室のホームページを調べましょう。多くの研究室が独自のホームページを開設しているはずです。ホームページがない場合は、研究室を主宰する研究者の論文を調べてみましょう。いずれにせよ、その研究室がどのような研究をしているのかを理解するようにしましょう。その際も、以下のテンプレートの調査内容に該当する部分に照らし合わせて、各研究室が提供している情報を整理するとよいでしょう。

そこで本研究では、(7) と (8) の関係に着目し、(9) による (10) への影響を調査する。

ホームページも論文もない場合は、その研究者に会いに行き、話を聞きましょう。各研究室には複数の方向性があるはずですから、あなたが考えた学術的問題に関連した調査ができそうなところを探しましょう。

このように研究室を学術的問題を中心に探すことをすすめているのは、学術的問題が同じであれば、たとえ背景問題やその解決策に関する考えが異なっていてもそれはあまり問題にはならないからです。むしろ、異なる背景問題やその解決策のもとで学術的問題を共有することは研究の応用範囲の広がりを意味するので、かえって興味をもってもらえるのではないかと私は考えます。

複数の研究室に希望を出せるなら、自分なりに学術的問題の深刻さを評価して、その順序で優先順位を考えてみるのもよいでしょう。

この章では、研究室を選ぶために具体的にどのように準備をするべきかを紹介しました。ただし、これはあくまでもあなたが所属すべき研究室を選ぶための考え方です。実際に研究がはじまれば、いろいろと状況に応じて擦り合わせなければならない事態も多く出てくるので、この段階で考えたことをそのまま実行できるとは期待しないほうがよいかもしれません。ですが、ここまで自分で考えて研究室選びに臨めば、一目置かれる存在になれるのではないかと思います。必ずよい方向に進むでしょう。

次の Chapter 5 では、研究テーマの選び方など、研究室に入ったあと直面するであろう問題への対応について紹介します。

まとめ

- ☑ 専門分野や研究室は一時的な流行でなく、確固たる目的意識をもって選ぶようにしよう
- ☑ 研究室を選ぶときには、興味のある論文を読んで分野の動向をつかんでおこう
- ☑ 研究テーマのテンプレートや問題解決の方法論は、専門分野や研究室を選ぶためにも有効である

Chapter 5
研究生活で直面するトラブルに対応する

Point

- 研究室では、努力したからといって必ずしも成果が出るわけではない
- 問題解決の方法論を使って研究室で評価される研究テーマを考えよう
- 研究で行き詰まったときは、傷口を広げないように落ち着いて対処しよう
- 研究生活のトラブルを通じて問題解決の方法論を身につけよう

Introduction

ここでは、研究室に入ったあと、そこで評価されるための研究テーマの設定や研究生活で直面するさまざまなトラブルの対応について、研究テーマのテンプレートや問題解決の方法論を使って考えていきます。研究に行き詰まってしまっても、ここで紹介する考え方に従い落ち着いて対応すれば、道は必ず開けるでしょう。

5.1 割と理不尽な研究生活

Chapter 4では、問題解決の方法論を使って専門分野や研究室を選ぶ考え方を説明しました。希望していた研究室に入れたとしても、そこで思わぬ困難に直面し、苦労をする大学生はたくさんいます。ひどい場合には、心身のバランスを崩してしまう学生もいるほどです。

職業柄、私はさまざまな分野の学生が研究生活で悩む姿を何度となくみてきました。その経験を踏まえて、本章では研究生活で行き詰まる典型的なパターンごとに、研究テーマのテンプレートや問題解決の方法論を使って対応する考え方を説明していきます。

研究活動では、高校や大学生活の前半では経験しないような、さまざまな困難に直面します。それは「がんばったのにテストの点数が低かった」というようなことではありません。まず、大学における研究の大きな特徴は、取り組む研究テーマによって成果をだすための難易度が異なることです。高校でも大学でも講義の内容の理解度を点数で評価する場合には、習った範囲の内容をもとに作成された問題を全員が同時に回答するなど、公平性がかなり確保されています。一方、研究では各学生の研究環境が異なっている場合がほとんどです。取り組むことになった研究テーマが、すでにその研究室で何年ものあいだ取り組まれており方向性が確立している場合と、研究がはじまったばかりでどこから手をつけるのかも明確でない場合とでは、そもそもスタートラインから大きく異なります。

また、残念なことに、どれだけ努力をしても成果が出ない状況に陥ることも

多く、研究生活の間ずっと不遇に苦しむ人も毎年一定数います。

私はこれまでに不遇な状況に陥り、自分は研究に向いていないのではと悩む学生や研究者の方に出会いました。これに関しては、向いている、向いていないということではなく、研究という活動に参加し続ける以上は、いずれ誰もが直面する困難であり、乗り越えるべき試練だと考えるようになりました。ただし、完全に自力でこれを乗り切ることができる人は多くはいないはずです。なんとか卒業できた人も、期限切れを迎えてこの辺りはうやむやになったというのが、現状ではないでしょうか。だからこそ本書を活用し、そういった困難に正面から立ち向かってほしいと思っています。

ただ、大学を卒業して社会に出てからあなたに降りかかる困難は、どちらかというとこのような理不尽と思われることのほうが多いでしょう。それを考えると、研究生活でこのようなトラブルに巻き込まれた場合にふてくされるのではなく、それを今後の人生を乗り切るための訓練の場だととらえ、前向きに対応するのがよいと思います。このような機会に問題解決の方法論を実践して身につけることができれば、将来もし困難な状況に陥ったとしても、そのやり方を試してみようと思えるはずです。もちろん、うまくいかない場合もあるでしょうが、その都度、少なくとも問題解決のスキルは高まります。何より悩むだけで何もできない時間はぐんと減るはずです。

先にも述べたとおり、研究生活ではときに何をやってもうまくいかないような状況にも直面します。人生には波があり、よい状況だけを経験できる人などいません。うまくいく時期もあれば、どうあがいてもうまくいかない時期もあります。もし、いまあなたが研究をしていて不遇な状況が続いているのなら、それは研究をしている時期に人生のうまくいかない時期が重なってしまっただけと割り切ることも必要かもしれません。けれどもここで、本書で紹介するスキルを身につけるチャンスととらえて前向きにもがくことができれば、その経験はあなたの人生にプラスに作用するでしょう。

5.2 研究テーマの考え方

研究室では、卒論・修論の執筆に向けて、研究テーマを考えます。理工系の場合は、取り組むことになる研究テーマの方向性は研究室に入った段階でだいたい決まってしまっているので、少し注意が必要かもしれません。理工系にせよ文系にせよ、研究室に所属して間もない時期に「研究テーマをとりあえず自分で考えてみて」と指導教員などからいわれて、途方にくれてしまう人は多いはずです。

「研究テーマを決める」ということは、研究室の背景を理解したうえで適切な学術的問題を設定し、その解決策となる調査内容を提案するということです。この学術的問題も２つのパラメーターの対立としてとらえると、Chapter 2で紹介した問題解決の方法論を活用し、独創性や新規性のある研究テーマを考えることができます。これは以下の手順１～３で進めます。

- **手順１** 学術的問題を設定する
- **手順２** 学術的問題を２つのパラメーターの対立としてとらえる
- **手順３** 学術的問題の分析を行い調査内容を考える

手順1 学術的問題を設定する

Chapter 4では、研究室に入る前に、学術的問題を自分なりに考えてみることをすすめました。しかし、希望する研究室に入ることができてもそこで考えた学術的問題に直接関連した研究に取り組めるのはまれなケースであると認識しておきましょう。その理由はさまざまですが、研究室の方向性や実験設備などが影響します。そうなると、研究室ではあらためて学術的問題を設定し直す必要が出てきます。

まずは以下のテンプレートや問題解決の方法論を活用し、背景問題、解決策、学術的問題までを設定します。

> (1) のためには、(2) が必要である。しかし、この際、(3) が問題となる。その解決策として、(4) が考えられる。これに関し、近年、(5) に着目した研究が行われている。しかし、(6) に関する知見は得られていない。

考え方の手順は、基本的にはChapter 4で説明したとおりです。

研究室を選ぶときは自分で論文を探すことを前提としましたが、研究室で研究テーマを決める場合は、教員や先輩から資料を集めましょう。その理由は、まずは、研究室が「何のために何を明らかにしようとしているのか」を正確に理解することが大切だからです。資料にはもちろん論文も含まれますが、先輩の残した発表資料なども考えられます。自分で論文を集めても、かえって研究室の方向性からすると的外れな方向に進んでしまう可能性も踏まえ、まずは提供された資料をしっかりと理解して、テンプレートを設定しましょう。研究室が設定している背景問題をテンプレートに重ねて確認するといったほうが正しいかもしれません。ここまできてはじめて、自分なりの独創性や新規性を加えた研究テーマが研究室で評価される可能性が出てきます。

手順2 学術的問題を2つのパラメーターの対立としてとらえる

ここでは、研究室で集めた資料からどのように学術的問題を設定するかをみていきます。独創的で新規的な研究テーマを考えるために、先に指定したテンプレートの学術的問題に相当する部分を2つのパラメーターの対立としてとらえ、問題解決の考え方を適用します。

> これに関し、近年、(5) に着目した研究が行われている。しかし、(6) に関する知見は得られていない。

まず、Chapter 4の「論文の成果を整理する」(p.89)で紹介した手順に従い、集めた資料による情報を整理します。その結果は、たとえば図5-1のようになるはずです。

図5-1

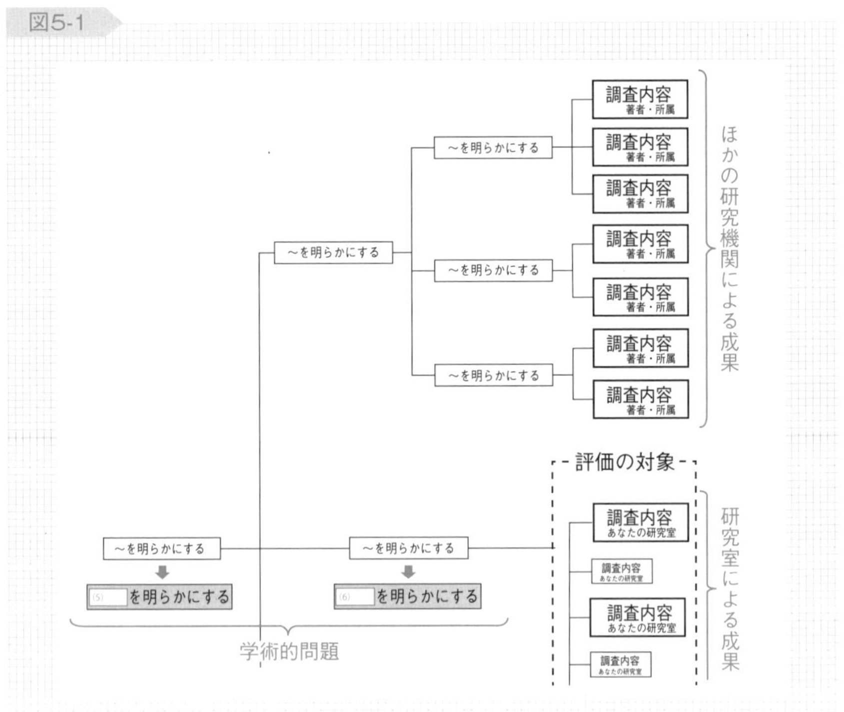

これは、学術的問題を図示したものです。ほかの研究機関による成果も含め、(5) に着目した多数の論文が存在するものの、(6) に関する知見はあまり明らかにされていません。そこで、あなたの研究室は (6) に関する研究を行っているという状態です。そのため、(6) に関する知見こそが研究室の成果であり、評価の対象となることをまずは理解しましょう。

そのうえで、「学術的問題」を Chapter 2 で紹介した問題解決の手順に従い、2つのパラメーターの対立としてとらえます。これはたとえば、次のテンプレートのように表すことができるでしょう。

> (5) に着目した研究を参照すると、(5) に関する理解が容易になる。
> しかし、(6) に関する誤解を招く。

「誤解を招く」とは、近い話題に関する調査の結果をそのまま適応すると、おかしなことになる、説明できないことがある、わからないことが出てくる、といった状態のことです。つまり、学術的問題において対立している2つのパラメーターは、「理解の容易さ」と「誤解を招く危険性」といったところでしょう。

手順3 学術的問題の分析を行い調査内容を考える

ここからは問題解決の方法論を使って、学術的問題を分析する考え方を説明します。これを通じて、これまでの研究に独創的で新規的な視点をみつけることを目指します。研究室は (5) に関するほかの研究機関による研究では、

(6) についてうまく説明できないことがあると考え、その学術的問題に取り組んでいるはずです。これを踏まえたうえで、もし、調査内容の新たな視点を提案することができれば、それはあなたが考えた立派な研究テーマということになるでしょう。学術的問題も、Chapter 2の「問題解決に向けた手順」で紹介した手順を実施して解決策を考えます。

先に、学術的問題を次のように設定しました。

(5) に着目した研究を参照すると、(5) に関する理解が容易になる。
しかし、(6) に関する誤解を招く。

続いて、問題を次のように設定し、状況を俯瞰的に理解します。

(5) に着目した研究を参照しないと、(6) に関する誤解を招かない。
しかし、(5) に関する理解が容易にならない。

Chapter2で紹介した手順に従い、<(5) に着目した研究を参照する>ことによって、<(5) に関する理解が容易になる>が得られることを望むのと<(5) に着目した研究を参照しない>ことによって、<(6) に関する理解が困難になる>ことを望まないのは、いつ、どこ、どのような条件なのかを考え、表にまとめます。

	いつ	どこ	条件
<(5) に関する理解が容易になる>ことを望むのは…			
<(6) に関する理解が困難になる>ことを望まないのは…			

ここから、<(5) に関する理解が容易になる>ことを望む状況と、<(6) に関する理解が困難になる>ことを望まない状況が、対立する具体的な状況をみつけだします。この時点で、いくつか着眼点が出てくるのではないでしょうか。その着眼点を踏まえ、「時間的視点」「空間的視点」「条件的視点」「部

分と全体」などの視点から、その状態を解消するためにはどのようなことを調査するべきかを考えていきます。

その結果にもとづいて次のテンプレートを埋め、研究室の設備や環境を踏まえて、調査内容（研究テーマ）を考えてみましょう。

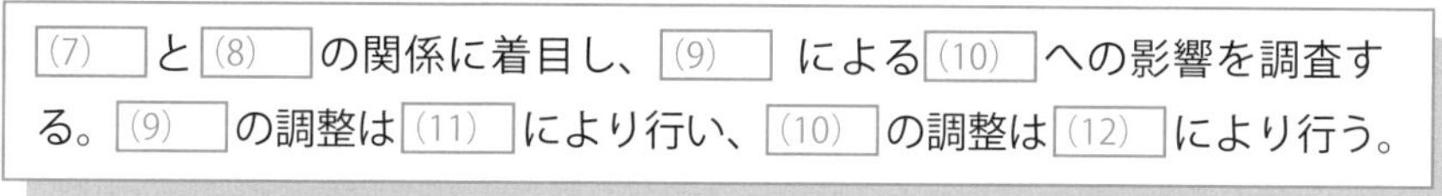
(7) と (8) の関係に着目し、(9) による (10) への影響を調査する。(9) の調整は (11) により行い、(10) の調整は (12) により行う。

以上の手順を経て考えだされたあなたの研究テーマの位置づけは図 5-2 のようになります。

図5-2

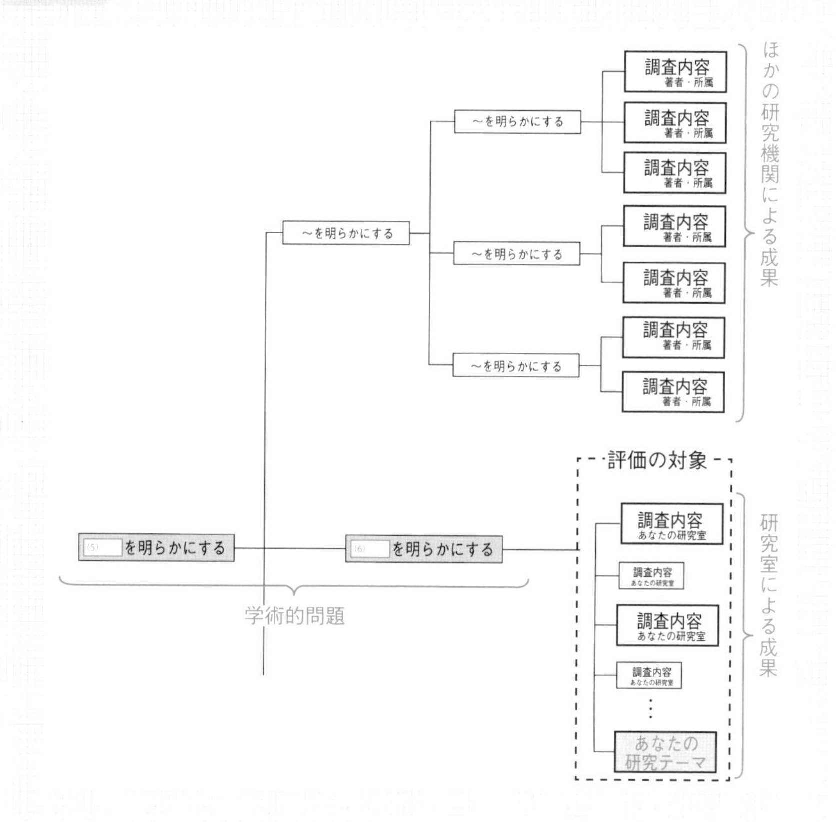

～を明らかにする
～を明らかにする
～を明らかにする
～を明らかにする
調査内容 著者・所属
調査内容 著者・所属
調査内容 著者・所属
調査内容 著者・所属
調査内容 著者・所属
調査内容 著者・所属
調査内容 著者・所属
ほかの研究機関による成果
(5) を明らかにする
(6) を明らかにする
学術的問題
評価の対象
調査内容 あなたの研究室
調査内容 あなたの研究室
調査内容 あなたの研究室
調査内容 あなたの研究室
⋮
あなたの研究テーマ
研究室による成果

調査がうまくいけば、(6)　に関する知見が増えるため、研究室の仲間にも評価されるはずです。

5.3 理工系の人がやるべきこと

理工系の研究室では先輩からテーマを引き継ぐことがほとんどです。そのため、理工系の人は、あらかじめその状況を想定しておいたほうがよいと思います。たとえば先輩がこれまでやってきた研究に関する資料を渡されて、自分なりに何がしたいのかを考えるように指示を受けたと想定して考えてみましょう。私は本書を通じて、テンプレートと問題解決の方法論を活用して研究テーマを考えることを提案しています。先の理由から、とくに理工系の人は、「背景問題」～「学術的問題」に関しては、テンプレートを活用して研究室の過去の調査内容を確実に理解したうえで研究テーマを考えることが重要だと思います。

そのために、研究室内の資料を参照してテンプレートのこれらの部分を確実に理解してから、前述の手順を実施しましょう。そうすれば、研究室の方向性に沿ったあなた自身の研究テーマを考えることができます。

研究室を選ぶときは自分でテーマを考えようといいましたが、実際に研究室に所属すると、自分の思いどおりの研究テーマに取り組めるケースはまれだとも述べました。この点に矛盾を感じる人もいるかもしれません。

しかしながら、研究室に所属する最大のメリットは、その分野の専門家の知識、経験、設備、人脈を借りながら研究を実施できる点にあります。冷静になって考えると、そのような環境が手に入るのは、大学や大学院だけではないでしょうか。まずは、研究室の仲間と価値観を共有して、研究室のリソースを最大限に活用できるテーマを考え、ほかのどこでも得難い経験を積みましょう。

あなたはもしかしたら、研究を通じて人類初の革新的なアイデアを実現できると考えているかもしれません。しかし、問題解決の方法論を使っても、革新的なアイデアが突然思い浮かぶことはないし、充実した研究生活のためにはその必要もありません。そもそも人間は知らないことを思いつくなんてできません。何かしらの土台がすでにあり、そこに何かしらのヒントがあるから、アイデアを思いつくのです。したがって、そのような背景で思いついたアイデアは、その実現に向けてすでに誰かが何かをはじめているものです。ましてや、そういったアイデアを実現することは1人ではできません。解決や実現に行きつくまでに多くの人と連携して尽力しながら、さまざまな視点から考え、長い道のりを経て、ようやくそこにたどり着くのです。そのなかで、自分が身を投じてもよいと思えること、それが現時点でのあなたが進むべき道といえるでしょう。

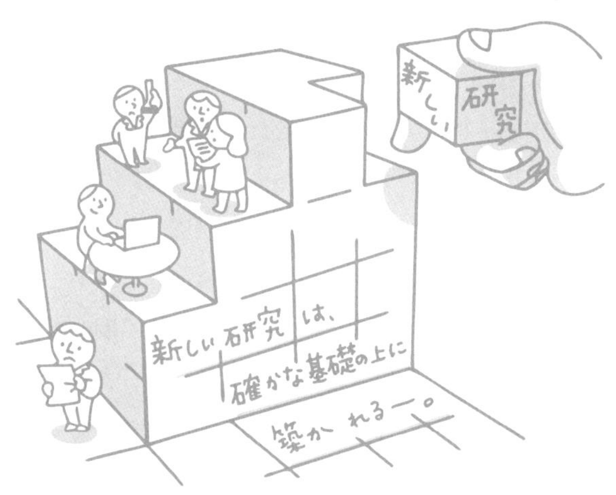

Chapter 4に続き、ここまでで、専門分野、研究室、研究テーマを決めるための問題解決の方法論の活用手順を説明しました。もしかしたら、これらの手順を実施して、自分はほかの専攻に進むべきだったと感じる人もいるかもしれません。しかし、先述したように専攻を途中で変えるのは難しく、時間や金銭的な負担も大きくなります。

いまの大学に入学したということは、少なくとも大学や専攻に何かしらの魅力を感じたのでしょうから、それを思いだして前向きに取り組んでほしいと思います。そこで得られる知識や経験を活かしつつ、人生の方向性を擦り合わせるほうがよいと私は考えます。なお、大学院に進むタイミングであれば専門分野た研究室を変えることは、ある程度可能です。

5.4 研究生活で否定されるパターンを知っておこう

残念ながら、研究生活を送っていると、理不尽な状況に陥る場合があることはすでに述べました。ここでは、私がみてきたありがちなパターンとそれに対応するための問題解決の方法論を応用した考え方を紹介します。実際にそのような状況に見舞われてしまった場合、落ち着いて対処すれば被害を最小限にくい止めることができるでしょう。

パターン1 何をやっても否定される

教員や先輩の指示に従い実験や調査を行って結果を報告したものの、大部分を否定される、話半分にしか聞いてもらえない、という状況になってはいませんか？　実は、このような状況が続いて研究室に来なくなってしまったという人は、私が学生だった頃からいましたし、教員になったあともよく耳にしていました。文系の研究者の友人からもこの手の話はよく聞いていたので、これは理工系にかぎったことではないようです。もしいま、あなたが同じように悩んでいるなら、あなただけではなく、同じように悩んでいる人はほかにもいるということです。

確かに、否定されると傷つくし、自信も失います。しかし見方を変えれば、否定される状況というのは、自分で考えて変化することが求められているということです。このような場合、指示に従ってだした調査結果についての解釈が否定されるというよりも、そもそもやっていることそのものが否定されているケースが多いので、その点についても考えてみましょう。

研究室で何をやっても否定されるのには、具体的に次の２つの状況があると考えています。

① 研究テーマへの理解が抽象的すぎて、何をすればいいのかわからない。
② 調査しようとしていることが具体的すぎて、それに対する評価が低い。

この２つの状況の対処法は異なるので、それぞれについて、問題解決の方法論の視点から説明していきます。

研究テーマへの理解が抽象的すぎる状況への対応

この状況はいいかえると、学術的問題までの理解が甘い状態で調査を計画して実行してしまい、おかしな方向に歩み出してしまった、といったところでしょう。それはどういうことか、具体的に説明しましょう。先に説明したとおり、研究テーマでは「背景問題」「解決策」「学術的問題」「調査内容」「調査方法」を設定します。

そして、実際に調査を実施して、その結果を報告したとします。これを否定された、話を聞いてもらえないという状態に陥らせる理由は、否定した相手と調査の内容の背景にあたる部分、つまり、「背景問題」～「学術的問題」に関する理解が異なっており、相手から求められることと噛み合っていない可能性が高いためでしょう。もしかしたら、知らず知らずのうちにそのようなことを繰り返していて、相手が嫌になっている可能性もあります。

これまで、指示どおりの調査をしてきて何も問題がなかった人にかぎって、何かのきっかけに背景的問題や学術的問題の理解が教員とずれてしまうことがあります。もしくは、そもそもこれらに関して考える機会がなかった問題が顕在化した可能性も考えられます。このような状況では、いくらがんばったところで、事態は好転しないでしょう。

こういったことは研究生活の中盤で起こりやすいと考えています。教員に指示されたとおりに調査をして、ある程度の結果が出はじめると、そろそろ何をするか少し自分で考えてみてもよいかもしれないという段階になります。とくにそのタイミングではボタンの掛け違い、もしくはすでに存在していたボタンの掛け違いの表面化が起きやすいのです。もう1つ、文系も理工系も、博士課程や修士課程のこれまでの研究である程度成果が出てきた段階で、試練として教員からこの状況を与えられている可能性もあります。その場合は、「学位がほしければその分野の専門家である私が納得するような研究テーマを自力でひねりだしてみなさい」という期待が込められているのかもしれません。

いずれにせよ、このような状態に陥った際に、やるべきことははっきりしています。それはいま一度、「背景問題」～「学術的問題」の情報の適切さを考え、その結果をしっかりと共有することです。これは、すでに紹介した研究テーマの設定手順などを参照して対応するとよいでしょう。

調査しようとしていることが具体的すぎて評価が得られない

あなたは次のように学術的問題を認識して研究活動をはじめているはずです。

> 近年、[(5)]に着目した研究が行われている。しかし、[(6)]に関する知見は得られていない。そこで本研究では、[(7)]と[(8)]の関係に着目し、[(9)]による[(10)]への影響を調査する。[(9)]の調整は[(11)]により行い、[(10)]の測定は[(12)]により行う。

研究室ではこれまで教員の指導のもと、[(6)]に関する知見を深めるために、さまざまな角度から調査が行われてきたはずです。調査を続けていればやがて着目していたことに関してはかなり明らかになってきます。

多くの場合、この段階で次に何を調査すべきか、別の視点から考えてみることが求められます。そのような状況下で、ひたすら以前と同様の視点からの調査に固執すると、提案できる内容は重箱の角をつつくようなものになりがちです。実際に調査を行っていると割と重要に思えても、教員や先輩からすると、なぜそれにこだわり続けるのかまるでわからないという状態です。

図5-3

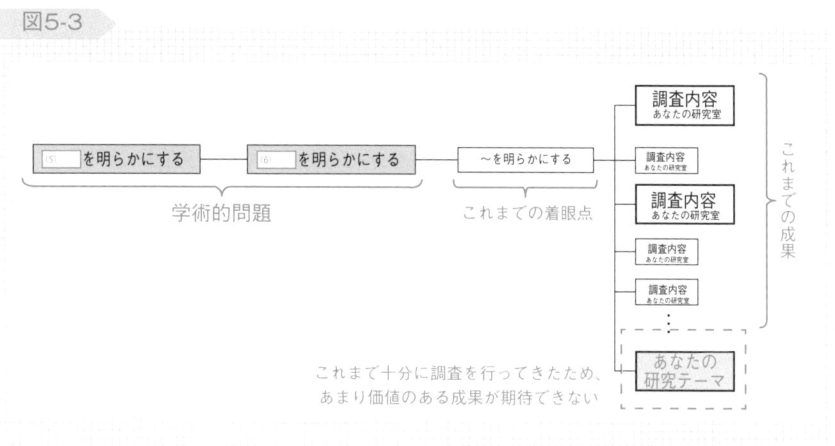

この状態で調査に取り組んでも、(6) を明らかにすることにほとんど貢献しないため、報告された側からすると、「私が君に求めているのはそうじゃないんだよ！？」となるわけです。こうなってしまうケースの多くは、調査の目的がいつの間にか、本来の (6) を明らかにするという学術的問題の解決ではなく、調査をすること自体にすり替わってしまうために起こります。調査を行うことはあくまでも「(6) を明らかにする」ための手段であることを忘れないようにしなければなりません。いま求められているのは (6) を明らかにするための、新しい着眼点を考えて提案することなのです（図 5-4）。

この場合も、テンプレートや問題解決の方法論を活用すれば、新しい着眼点をみつけられるはずです。そうすれば、前向きな論議ができるようになるはずなので、ぜひ活用していきましょう。

図5-4

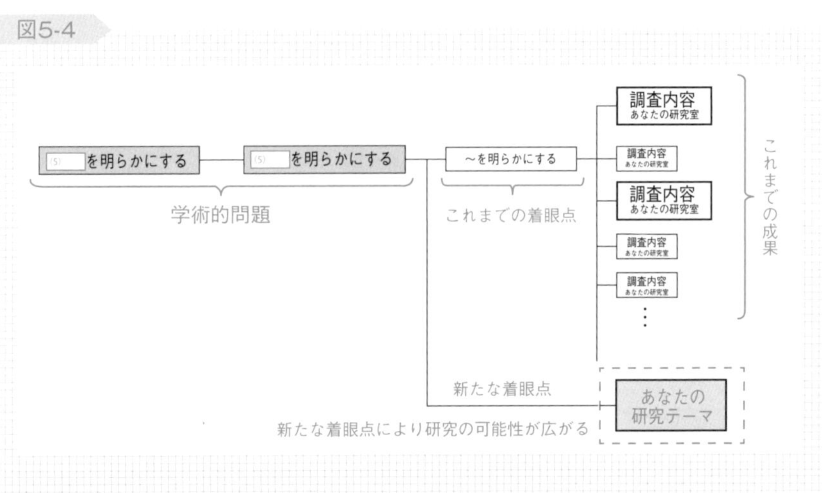

パターン2 自分の研究に似た内容の論文がみつかり、どうしたらよいかわからない

自分の研究に似た内容の論文がみつかった、といって落ち込んでいる人をみかけます。本当に同じ内容ならたいへんですが、実際にそんなことはほとんどありません。むしろ本当の原因は、自分の研究内容を十分に理解していないことでしょう。

そのような状況が発生した場合、まずは必ずその論文の内容をしっかりと確認しましょう。論文の内容が同じで困るとすれば、それは調査内容や調査方法のはずですから、テンプレートの以下の部分に着目して対処について考えます。

> 本研究では、(7) と (8) の関係に着目し、(9) による (10) への影響を調査する。(9) の調整は (11) により行い、(10) の測定は (12) により行う。

確かに、(7) と (8) の関係に着目している人は、いるかもしれません。(9) による (10) への影響に関しても、近い視点はありそうです。しかし、たとえそうだったとしても (7) と (8) は、あなたとまったく同じでしょうか。

ほとんどの場合、まったく同じではないはずです。百歩譲って (7) と (8) が同じだったとしても、(9) と (10) も同じというのは滅多にないでしょう。さらに、調査方法にも差異があるはずです。そもそも、条件や設備、環境などを他者があなたとまったく同じにそろえることも不可能なので、(11) や (12) が同じになることはさらにあり得ないはずです。

それゆえ、結果もまったく同じにはなりません。あるとするなら、「よく似た結果」か「反対の結果」かのどちらかのはずです。

「よく似た結果」であるなら、その似た論文はあなたの主張をサポートする文献です。その論文が「反対の結果」であるなら、それはそれで新たな課題を発見したことになります。

つまり、同じような研究がみつかったということは、あなたの研究の深みを増す材料が手に入ったといえます。うろたえるのではなく、むしろ喜ぶべきかもしれません。あなたの研究分野の議論が深まるのだから、悲観しなくていいのです。必要以上に絶望してしまうのは、自分自身が研究内容について深く理解せずに取り組んでいたという側面もあるかもしれません。自分の研究に似た内容の論文がみつかった場合には、落ち込む前に自分の研究を整理し、みつけた論文が実施した研究との内容の違いを分析することが大切です。

パターン3 偉い先生に否定されて絶望している

学生の場合、学会などの発表の場で、偉い先生に「この研究、意味ないでしょ？」などといわれる状況を考えただけでも恐ろしいでしょう。しかし、実際にそのような状況に見舞われて落ち込んでしまう人も多くいます。相手の立場が上であればあるほど、あなたを困惑させるでしょう。この場合、学生本人だけの要因ではなく、人間関係やその分野の政治的問題も絡んでくるので、とても厄介です。

万が一そのようなことをいわれてしまった場合は、その場はなんとかやり過ごして、いったん落ち着きましょう。そこで論破されたことによって卒業できなくなることなどあり得ません。冷静さを取り戻したら、次のことを確認してください。

私の経験上、そのような事態のほとんどは、議論が噛み合っていないために発生します。そこで、テンプレートを参照しながら、否定された部分に対して具体的な対処法を提案してみたいと思います。

基本的にあなたの研究が根底から覆されることはありません。落ち着いて、次のそれぞれの場合について検討してみましょう。

「背景問題」と「解決策」を否定された

例：「君は、(4) がその問題の解決策だといっているけど、×× のほうが有望な解決策だよ」

このようなことをいわれることもあるかもしれません。この場合、以下のテンプレートの (4) が否定されています。

> (1) のためには、(2) が必要である。しかし、この際、(3) が問題となっている。その解決策として、(4) が考えられる。

指摘が正しいとしても、「みんなが有望だといっているから」といって、誰も彼もがその研究ばかりをしていては、学問は発展しません。よって、この場合はその場を適当にやり過ごし、あまり気にしないほうがいいでしょう。

この状況をたとえるなら、「美味しいラーメンのつくり方」に関する研究を発表する場で、「カレーのほうが美味しいのに、なぜカレーの研究をしないのか」というような質問をしているようなものです。おそらく信念をもって研究していれば、「カレーが美味しいことは知っているが、私はラーメンの美味しさの秘密を明らかにすることから料理の分野に貢献する！」といい切れるのではないでしょうか。

学術的問題に対する認識を否定された

例：「君は、△△に関する知見は得られていないといっているけど、もう、そんなことはとっくに○○大学の ×× 先生がやっているよ」

このようなことをいわれるかもしれません。これはテンプレートでいうと、以下の学術的問題が否定されたことになります。

> これに関して、近年、(5) に着目した研究が行われている。しかし、(6) に関する知見は得られていない。

確かに、そういう状況は起こり得ます。明らかにされていないと思っていたことが、実は明らかにされていた。すなわち「見落としていた文献があった」ということなので、その文献の存在を踏まえたうえで学術的問題について再考しましょう。先に説明したとおり、よく似た研究はあなたの研究を深めることはあっても、直ちに研究の意義が消滅する理由にはならないでしょう。

ただし、こういうコメントをする人の多くは、[(5)]を明らかにするというあなたの目標を押さえていない可能性もあります。もしかすると、あなたの説明が明確でなかった可能性もありますから、振り返って思い当たることがあれば反省しておきましょう。

繰り返しになりますが、このような場合は、その場を適当にやり過ごしてあまり気にしないようにしましょう。研究室では、その分野のプロと具体的に議論しながら研究していることに自信をもてばいいのです。

結果や考察を否定された

調査の結果や考察の不備を指摘されることがあります。たとえば次のような指摘があった場合です。

例：「○○先生の結果と違っている」「その考察はおかしい」

このような場合は、以下のテンプレートの[(7)]～[(12)]の情報を詳しく聞きだしてみるといいでしょう。

> 本研究では、[(7)]と[(8)]の関係に着目し、[(9)]による[(10)]への影響を調査する。[(9)]の調整は[(11)]により行い、[(10)]の測定は[(12)]により行う。

先述したように、これらの情報が誰かとまったく同じということはないはずです。できれば詳しく話を聞いたうえで、どこが違っているのかを明確にしましょう。それが明確になれば、あなたの研究の深みは間違いなく増します。つまり、その分野の議論に貢献できるということです。

私が学生だった頃は、偉い先生が学生や若い研究者に厳しい質問をして恥をかかせる場面がよくありました。おそらく、彼らのその行動は悪意からではなく、それが相手のためになると信じていたのだろうと思います。しかし最近は、少なくとも私の周囲では状況が変わってきていて、そういった態度をとる人は、白い目でみられるようになってきています。それは、ネットなどの普及により、知識を個人が囲い込んで権威を保つということができなくなってきたからでしょう。これは個人的にはよい傾向だと思っています。

また昨今は、分野が細分化されていて、学会などの発表の場で質問がまったく出ないことも多くなりました。そうすると、「発表者がかわいそうだから」と、無理やり質問がくりだされる場合がありますが、このときの不自然な質問が少し厳しい印象を与えてしまうこともあるのかもしれません。こういった背景があることも理解しておいて損はないでしょう。

これまで私は、学生や友人からこの種の悩み相談を多数受けてきましたが、厳しい指摘がもとで研究が根底から覆ってしまったというケースはみたことがありません。それよりも、指摘の際のいい方や雰囲気で必要以上に重くとらえてしまった発表者が動揺し、傷口を広げてしまったというケースがほとんどでした。

厳しい指摘があったとしても、一時的な感情に自分を支配させず、指摘された内容を落ち着いて分析することが大切です。本書のテンプレートと問題解決の方法論はそのときのための心強い武器になるはずです。

調査内容や研究データの誤りが判明した

研究がある程度進んだ段階で、前提とされていた条件（調査内容や研究データ）に不備が発見され、途方に暮れてしまう人がいます。いままでやってきたことがむだになったように思えて、落ち込むのもわかります。この場合も、先ほどと同様の考え方や手順で、問題解決の方法論を試してみましょう。

学会などで偉い先生に否定された場合は、その後、仲間内（教員、先輩など）で話し合えばいいですが、内容やデータの誤りについては、その仲間内に否定されたことになるので、ある程度、テーマの修正を行ったうえで、研究をやり直す必要もあるかもしれません。やはりここでも、まずは冷静になり、どこまで戻らなければならないかを考えるのが先決です。このような状況に陥ると、平常心を失い、完全に研究テーマを変える方向に走りがちですが、それは本当に最後の選択です。

まずは、調査方法の改善から考えていきましょう。調査のデータが間違っているなら、それを正しい方法に修正してやり直してみます。調査方法の修正には、先に紹介した問題の分析や解決策の提案などで活用した手順を適用できます。

> (9) の調整は (11) により行い、(10) の測定は (12) により行う。

正しい方法で調査の改善をはかったにもかかわらず、それでもダメだった場合にのみ、調査内容の変更を考えてみましょう。

> 本研究では、(7) と (8) の関係に着目し、(9) による (10) への影響を調査する。

それでもダメな場合になってはじめて、Chapter 4「研究室を選ぶときに考えてほしいこと」(p.82) で説明した手順を参照しながら、研究テーマ全体の軌道修正を考えていきます。注意してほしいのが、ここで慌てると、先に紹介した「研究テーマへの理解が抽象的すぎる」や「調査しようとしていることが具体的すぎる」のような状況に陥り、抜けられなくなるということです。軌道修正をはかる場合は、前述した手順を参照し、テンプレートをつくり直しましょう。このとき、軌道修正について教員や仲間と合意しておくのを忘れないようにしましょう。

5.5 教員側の気持ちも知っておこう

少なくとも学生が研究に行き詰まるのはほとんどの場合、専門知識が不足しているというよりは、なんらかのきっかけで研究テーマを自分で考えなければならない状況になり、戸惑ってしまったことに起因していると思います。とくに、関係者とのコミュニケーションにおけるボタンの掛け違いが発端となっていることは多いようです。

多くの教員は、学生には自分の指導を受けながらも、できれば自主的に研究を進めてほしいと願っていると思います。一方、真面目な学生は、研究を通じて少しでも多くのことを学びとりたいと思っているでしょう。ここで、求められている自主性と従属性のバランスがうまく噛み合わずに、悲劇が起きるケースが多いように見受けられます。

教員側の思いとして、教員は何でも知っているわけではなく、だからこそ学生にはもっと自主的に研究テーマを提案してほしいのだ、という声をよく聞きます。しかし学生は、そんなことをいわれても、少ない知識や経験で、答えのない問題に取り組むのは酷だ、と思うかもしれません。だからこそ、積極的に研究テーマを考えることは、腰がひけてしまうのではないでしょうか。

確かに学生は、その分野の知識や実績においては、専門家には遠く及ばないかもしれません。しかし、幸いにも本書で紹介した問題解決の方法論を知っている人はあまりいません。本書で紹介した手順を経れば、これを知らない人よりもかなり合理的に研究活動で直面するトラブルに対応できるはずです。専門知識では専門家には及ばないかもしれませんが、問題解決の方法論を実施して生みだしたものであれば、そこは自信をもってよいでしょう。

研究で直面する困難は、本書で紹介した方法論を実践し、身につけるチャンスだと思って、トラブルを楽しむくらいになってほしいと願っています。

まとめ

- ☑ 研究室では、努力したからといって必ずしも成果が出るわけではないことを認識しよう
- ☑ 問題解決の方法論を使って研究室で評価される研究テーマを考えよう
- ☑ 研究で行き詰まったときは、傷口を広げないように落ち着いて対処しよう
- ☑ 研究生活のトラブルを通じて問題解決の方法論を身につけよう

Chapter 6

問題解決の方法論を今後に活かす

Point

- 価値を創造するには問題を解決する必要がある
- これからの時代、専門知識や資格だけでは高い評価は得られないかもしれない
- どのような分野でも活用できる問題解決の方法論を身につけておけば、将来の変化に備えることができる
- 周囲に惑わされず自分が取り組むべき問題をみつけよう

Introduction 大学生が、大学で何をどのように学ぶべきか、そしてその後の人生においてどのような態度が求められるのか、本書で紹介した問題解決の方法論との関連とともに私なりの考えを提案します。

6.1 価値の創造は問題解決

ここまで、問題解決の方法論の研究テーマの選定への応用を中心に説明してきました。研究だけでなく、日常生活で直面するあらゆるトラブルにこの考え方を使って対応すれば、あなたの大学生活はより有意義でかつ充実したものになると私は考えます。

そもそも大学生活を有意義にしたいと願うのは、その後の人生を豊かにするためでしょう。大学受験をしたときには明確な目標はなかったかもしれませんが、少なくとも進学することで人生をより豊かにしたいと考えていたのは確かではないでしょうか。

いざ大学で勉強や研究をスタートさせると、「知識を暗記するだけではダメ」「いわれたとおりに研究するだけではダメ」「自分で考えなければダメ」などと周囲からいわれるようになります。しかし、その割には具体的にどうすればよいのか、ほとんど教えてはくれません。これに関しては、大学と企業の両方で働いた私からすると、企業のほうが進んでいると感じます。

大学では、講義や研究活動を通じた専門知識の習得に重きが置かれます。しかし、大学で得た知識を仕事で存分に役立てられている人はそう多くありません。企業でより問題解決の方法論が活用されている背景にはこういった事情があるのかもしれません。そこで私は、知識以外の大学での学びの指針として問題解決の方法論を体系化し、大学生や大学院生に提案しようと考えました。問題解決の方法論はどのような分野でも、さらには大学を卒業したあとでも役立ちます。ここまで本書では、問題解決の方法論の研究活動への応用を中心に具体的に説明しました。この最終章では私なりにあなたが将来をより面白くするためにどうすればよいかについて、説明してみたいと思います。

研究の背景には何かしらの問題が存在していると説明しました。いうまでもなく、問題があるのは研究の世界だけではありません。将来、専門分野は変わるかもしれませんが、どのような職についても問題はついて回ります。つまり、生きていくということは問題解決の連続なのです。

価値の創造は問題解決、実はこれが本書で紹介したいテーマです。社会に出たら、あなたはお金を稼ぐようになるでしょう。お金は、あなたが生みだした何かしらの価値の対価として支払われます。世の中のあらゆる商品、つまり製品やサービスは、人びとの何かしらの問題や不満を解決するために存在しています。もちろん、それらを手に入れるために、人はその対価としてお金を払います。お金はモノやコトの価値を表す指標なので、あなたがお金を稼ぐことと、価値を創造することは密接に関連しています。「価値を創造する」ということは「人の役に立つ」ということです。「人の役に立つ」ということは、その人の抱える問題を解決するということです。つまり、価値を創造するためには、問題を解決しなければならないのです。

研究活動において、もしかしたら与えられた問題を解決するだけでやり過ごせる人もいるかもしれません。しかし、それによる成長は限定的でしょう。また、与えられた問題を解決しているだけでは、おそらく報酬も限定的であり、自ら問題をみつけて行動できる人とは大きく差が開いていくでしょう。そして、今後その傾向はますます強まると私は考えています。そうであるなら、問題をうまく避けるのではなく、本書で紹介したような考え方を身につけ、積極的に問題解決に身を投じる態度が重要となるのではないでしょうか。

6.2 メンバーシップ型雇用からジョブ型雇用へ

数十年前、日本の大学生の状況はいまとはまったく違いました。有名大学を卒業すれば大手企業に就職でき、定年まで同じ会社で働くことができるとされていました。周りに合わせて会社で働いていれば、給与は定年まで右肩上がりに高くなり、退職金や年金も充実していましたから、「老後は何の心配もいらないだろう」というのが、多くの人が目指すライフプランでした。

しかし、いまや企業に頼る時代は終わりつつあり、将来のためには個人がスキルや経験を積み、能力を高める必要があると考える人が増えてきました。実際そうでしょう。つまり、いまの大学生には「このルートに進めば、将来は安泰である」という人生の指針のようなものが存在しなくなったのです。「正解のルート」がないならば、自分で考え、自分で選択して決断していくしかありません。

これまで日本の多くの企業は、メンバーシップ型雇用というシステムを採用していました。企業は、潜在能力や意欲の高い学生を新卒で採用します。業務内容に関連したことを大学で学んでいなくても、社内で一から教育します。いわば、社内での育成を前提としたポテンシャル重視の雇用形態のことで、「人」に「仕事」を割り当てるという考え方が基本となっています。かなり以前から、このような採用方法は日本特有のものとなっていました。

一方、ジョブ型雇用では「仕事」に「人」を割り当てます。世界的にはこち

らの考え方が主流です。人材を募集する際には、業務に必要な知識やスキル、経験、資格などを明示し、条件を満たす人がその募集をみて応募します。つまり、「プロ」をその人の能力に応じた賃金で雇って仕事をしてもらうということです。現在、日本の企業は競争力を高めるためにさまざまな取組みを実施していますが、とくに最近はこのジョブ型雇用を導入する必要性が広く強調されるようになってきました。

この先、日本でもジョブ型雇用が採用の主流になれば、企業に採用されるには、各自が専門性を高め、入社時点で即戦力に近い存在になることが求められるようになるでしょう。つまり、大学で何を学んだか、研究でどのような成果をだしたか、そしてあなたは何ができるのか、がいまよりもっと重要になるはずです。つまりそれは、必然的に目的意識をもって大学生活を過ごすことが求められるという意味です。

長年にわたり日本に定着しているメンバーシップ型雇用に代わり、このジョブ型雇用がいつ日本の主流になるのかはわかりませんが、近い将来、多くの企業による採用がジョブ型雇用に近いものに置き換わっていくのは間違いないでしょう。

もちろん、今後は大手企業に就職できたとしても、それが安泰を意味するとはかぎりません。各業界の状況は、かつては考えられなかったスピードで変化しています。人件費の安い海外に業務を外注する、人が行っていた作業を AI やロボットによって代替するといった経営判断が簡単にくだされます。そうしなければ企業は生き残れないからです。たとえ全力でがんばっていたとしても、突然望まない配置転換や、場合によっては転職をしなければならないといった状況に巻き込まれることも十分にあり得ます。

6.3 知識よりも問題をみつけられることのほうが重要!?

あなたが、ジョブ型雇用が主流となるような、“これからの時代”に備えたいとしましょう。そのためには多くの経験を通して、主体的にスキルや専門性を向上させるために必要なことは何かを、自分でしっかりと考えていかなければなりません。「ならば、何かの資格をとろう！」となるかもしれませんが、いまどきこの資格があれば安泰、就活に有利という考え方はかなり時代遅れでしょう。まず、資格には流行り廃りがあります。昔は重宝されたけれど、いまはその名称さえ知られていない資格は珍しくありません。これはいまにはじまったことではありませんが、現在、その流行の変化はかつてないほどの速さになっています。つまり、資格を保有して、それで安泰に暮らすということが、いまや難しい時代になったのです。とりわけ「この資格は、これからの時代に必要！」という宣伝文句に盲目的に従い、とくに目標もないまま何となく勉強するというのはよくないでしょう。なぜなら、将来どんなスキルや専門性が必要になるかは、誰にもわからないからです。つまり、すでにそのような“正解”は存在しないということです。

これには、その気になればあらゆる情報が簡単に手に入る時代になったことも関係しています。何か知りたいことがあれば、手持ちのスマートフォンやパソコンで検索すれば瞬時に答えにたどり着きます。もちろん、勉強して知識の量を増やす努力をすることは大切ですが、今後は知識を得たうえで何をするのかが、より一層問われるのではないかと思います。

資格取得のために試験勉強をしていても何かしっくりこない、という人もいるかもしれません。そもそも資格は誰かが考えた問題の解決策の一部に過ぎません。たとえば、TOEICなどの英語の資格試験の勉強をしている人がいたと

します。なぜそのような英語の資格試験ができたかというと、もともとは外国人とコミュニケーションをとるのが難しいという問題があったからです。言葉が違うと、どうしても意思疎通を図るのが難しくなります。そこで、世界中の人が共通言語として英語を習得し、英語でコミュニケーションをとろうじゃないか、という解決策を誰かが考えたのです。その流れで、英語の習得やその評価をやりやすくするために、こちらも誰かが資格試験という仕組みを考えたのです。

しかし、最近は機械翻訳の精度もかなり向上しており、従来の英語を勉強して外国人と円滑なコミュニケーションをはかるという従来の方法のほかに、割り切って完全に機械翻訳に頼ってしまうという選択肢も現実的になっています。そうなると、英語の資格試験に時間やお金をかける意味合いは、薄くなってしまうかもしれません。このような環境のなか､明確な目標を掲げることなく“なんとなく”で資格の取得のために時間やお金を費やすのは、実はけっこうなリスクをともなっているのではないでしょうか。

もちろん一概にはいえませんが、現在の多くの大学生や大学院生は、専門知識の習得という観点からみれば、すでにある分野で専門家になっている人たちにその分野で真っ向から勝負を挑んだところでほとんど勝ち目はないかもしれません。それは現在のようにさまざまな選択肢があるなか、専門家になるための努力をひたすら続けるには、相当な精神力が必要だからです。たとえば、高精度の機械翻訳があるなか、英語の資格試験のための勉強にあなたは迷わず没頭することができるでしょうか。機械翻訳が優れているとしても、自分でコミュニケーションをとる必要性を感じてTOEIC勉強を継続すると決めたなら、その学びには価値があるといえます。しかし、あなたが英語の学習を通じて取得できるスキルが機械翻訳に代替される可能性がある以上、その時間の使い方に不安を感じるのは避けられないのではないでしょうか。

このように、ある分野に特化した専門性を身につけることにも多くの大学生が不安を抱えてしまう現状を踏まえ、私は本書を通じて、企業で活用されている問題解決の正しいプロセスをもとにした方法論にまず注目してみることを提案しています。先ほど資格には流行り廃りがあると述べましたが、本書で紹介した問題解決の方法論はかなり普遍的なものだと考えています。なぜなら、社会がどのように変化したとしても、私たちが生きているかぎり問題はなくならないからです。この方法論は仕事や私生活関係なく、さまざまなシーンで発生する問題に対して活用できます。つまり、問題解決のスキルはあらゆる状況を通じて継続して磨いていくことができるのです。

6.4 あなた自身の問題をみつけよう

以前、私は教え子からこのような相談をされたことがあります。「アルバイトが忙しくて、大学の講義に出る暇がない。どうすればいいでしょうか」

私は次のようにアドバイスをしました。「私は、授業よりアルバイトを優先させることを勧めません。まず、大学の授業料について考えましょう。考え方にもよりますが、1回の講義に対してあなたは3000～5000円程度のお金を払っています。時給1000円を得るためにその講義をサボるのは明らかに損だと思うのですが、これについてどう考えますか？」

国公立大学であれば年間60万円程度、私立大学であればへたをすると年間100万円以上の学費を支払うはずです。その学費を負担しているのが親という人もいれば、奨学金を借りて払っているという人もいるでしょう。いずれにせよ金銭的には1時間に稼ぐアルバイト料の何倍もの価値がある講義に行かないことは、大きな損失といえるでしょう。奨学金を借りて大学に進学した人は、ある意味将来の自分から借金してまで大学に来ているはずなのに、本当にアルバイトを優先してもよいのでしょうか。のっぴきならない理由があるのはしかたありませんが、「なんとなくお金がほしい」といった理由でアルバイトを優先させ、それで単位を落としたり成績を下げていたりすれば、本末転倒かもしれません。

ただ私がいいたいのは「アルバイトをするな」「大学の勉強を優先させろ」ということではありません。このことを踏まえたうえで改めて、あなたにとって大切なことは何かを自分で考えて、後悔のない選択肢を選ぶ大切さを強調したいのです。

たとえば、「将来起業を考えているから飲食店で働く」「流通について学びたいからコンビニエンスストアで働く」「教師を目指しているから進学塾でアルバイトをする」、そういうものであれば講義よりもアルバイトを優先させる考えは合理的かもしれません。このために単位を落としたり、成績が下がったりする可能性もありますが、それによって得られるものはあなたにとってより有益なのかもしれません。何よりも、あなた自身も納得できているはずです。

しかしたとえば、「店長に頼み込まれて、断れなくてしぶしぶシフトに入った」といった理由でアルバイトを優先したために単位を落としてしまった、というのならどうでしょうか。単位を落とすという不利益が発生するかわりに、お金は手に入るでしょう。でも、あなたの心は本当に満たされるでしょうか。結果として、あなたは自分の行動を他人に決められてしまったのです。本当にそれで後悔はありませんか？

このアルバイトの例にかぎらず、誰かがあなたに一見、親切なアドバイスをくれているときも、状況は似ているかもしれません。そのアドバイスをあなたが受け入れるときに、それによるメリットは自分以外の誰に生じるのか、その点も冷静に考えてみてください。そこを考えないままアドバイスに従っているだけでは、もしかしたらあなたの人生、他人にいいように利用されてばかりかもしれません。

お金を稼ぐ、もしくはほかの目的が明確にあり、自分の意思で講義よりアルバイトを優先することを選んだのであれば、それはそれでよいと思います。なぜなら、あなたはそれにより生じるいかなる結果も受け入れ、責任を取る覚悟ができているのだから。そうではなく、自分で決断すべき自らの行動を、よく考えないまま何となく選んだり他人に押し切られたりすると、その時点であなたに後悔や不安、すなわちモヤモヤとした悩みを抱えるのではないでしょうか。

同じことは、就職活動にもいえます。親や周りにいわれるがままに就職先を決め、その結果うまくいかなかったとします。その段階で「みんながそうしろといったから、この会社を選んだのに」「こんなはずじゃなかった」と主張したところで、状況は何も変わりません。

いろいろといわれてはいますが、少なくとも私の周囲では、長年にわたり他人が提起した問題を素早く解決できる人が重宝されていたと思います。しかし、今後もその路線で高い評価を目指すのは厳しいのではないでしょうか。AIなどの台頭により、人に求められる役割が変容しつつあることに気がついている人は多いでしょう。ありきたりの問題をありきたりなやり方で素早く解決する点においては、おそらくAIやロボットが人間以上のパフォーマンスでこなすようになるからです。だからこそ、自分の実体験のなかからあなた自身の問題をみつけだし、知識はその都度、必要に応じて柔軟に身につけていくことが重要だと思われます。ネット上では、かなり専門的な内容をきわめてわかり易く解説した無料のコンテンツが多数公開されています。こういった意味では、そのようにできる環境はすでに揃っているのではないでしょうか。

そんな未来のためにも、1人でも多くの大学生や大学院生のみなさんが、研究生活を通して本書で紹介した問題解決の方法論を身につけ、あらゆる困難は自力で突破できるという自信に繋げてほしいと願っています。

Column 人間がやるべきこと

ひと昔前からAIが進化することで、「人間が行う仕事が消えていく」などといわれていました。本書を読んでくださったみなさんも感じているかもしれませんが、最近のAIはすさまじい進化をとげています。

2013年、オックスフォード大学のマイケル・A・オズボーン博士が "The Future of Employment"（『雇用の未来』）という論文を発表しました。その内容は、「近い将来、AIやロボットの台頭により労働人口の半数近くが職を失うかもしれない」というもので、世界的に話題となりました。いま、そこに書かれていることが現実化しつつあります。いよいよ人間は何をすればよいのかを本気で考えなければならなくなってきました。

たとえば、スーパーやコンビニでは無人のレジ（セルフレジ）が幅を効かせるようになってきました。ファミリーレストランでは、人ではなくロボットが料理を運んでいます。アパレルショップでは、商品を入れた買い物かごを指定の場所に置くと、瞬時に精算がはじまります。

学問や研究の世界でも、AIは重宝されはじめました。機械翻訳の実力はTOEIC 960点を超えるといわれており、これは多くの人間よりも優秀であることを意味します。そうなると、英語の学習も必要なくなるかもしれません。最近登場したChatGPTなどの新しいツールは、ユーザーが入力した質問に対して、まるで人間のような回答をしてくれます。頼めばレポートの作成などもできてしまうというではありませんか。

これらの技術の出現は、これまで人間が当たり前のように重視してきた「勉強して知識を習得する」という意義に小さくない影響を与えるのではないでしょうか。知的または肉体的なものを含め、ほとんどの作業をAIやロボットに置き換えることは近い将来には可能なはずで、それが着々と進んでいることをリアルに感じます。

ただし、AIやロボットにどのようなことを任せるのかを考えそれを実行するのは、いつまでも人間の役割であってほしいと思います。これだけはAIやロボット、またはこれから新たに開発される何かが人間の代替になることはないと信じています。

この本で紹介した問題解決の方法論はいうならば、何をしたらよいかわからないときに、情報を整理して、何をすべきかを考えるための思考の手法です。AIが台頭するこのような時代だからこそ、身につけておいて損はないでしょう。

まとめ

- ☑ 価値を創造するためには問題をみつけて解決する必要がある
- ☑ 即戦力となるためには専門知識や資格に目を向けがちだが、これらだけでは安泰な将来を望むのは難しい
- ☑ 今後は自ら問題を発見し、その解決のために行動することが重要となる。このためには、本書で紹介した問題解決の方法論は有効である
- ☑ 必要に応じて柔軟に知識を習得できる現在の環境を活用し、自分が本当に取り組むべき問題をみきわめよう

エピローグ

本書をここまで読んでいただき、ありがとうございます。本書では企業で活用されている問題解決の方法論を、研究を中心とした大学生活に活用することを提案しました。私はなぜこのような考え方を提案することにしたのか。

もとをたどれば、大学４年時の卒業研究にさかのぼります。私は当時取り組んだ研究テーマのせいで研究がうまくいかず、研究室で評価してもらえなかったと感じました。その悔しさを長年ぬぐえなかったことが、本書の執筆の原点です。与えられた研究テーマに真面目に取り組んだにもかかわらず評価されないことに納得がいかなかった私は、自分で研究テーマを決められるとされる英国に留学しました。渡英後に取り組んだ研究は比較的順調に進みましたが、最後の段階で行き詰まってしまいました。その原因の見当すらつかず、私は研究者になる自信を喪失し、企業に就職することにしました。その後、「企業で働く」という経験をひと通り積み、教員として再び大学に戻りました。この時点でもまだ「よい研究テーマさえみつかれば、自分はもっと高く評価される」と考えていました。当時の私は「分野横断的」「異文化融合」という言葉に憧れを抱き、いろんなバックグラウンドをもつ人と交流すれば、誰も思いつかないすごい研究テーマがみつかるのではと考え、さまざまな分野の学生や研究者との接点をもてる大学の国際化推進を専門とする大学教員になりました。

その職務の一環で、私は学生に英語の論文を指導したりや留学生の相談に対応したりしました。そこでは学生がさまざまな研究テーマに取り組んでいることや、想像以上に多くの学生が昔の私と同じような悩みで苦しんでいることを知りました。それがきっかけで、どのような分野でも活用できる問題解決の方法論（VE、TRIZ）を大学での研究活動に応用できないかと考えはじめました。

このような背景を踏まえて、試行錯誤の末に得た私なりのひとつの結論があります。それは「これをやれば評価されるという研究テーマは存在しない」ということです。もしあるとすれば、Chapter 3で紹介したテンプレートに当てはめてテーマがある程度具体的に設定されているかどうかくらいでしょう。

学生や大学教員としての経験を通じ、私はこれまでにさまざまな分野の研究者に出会いました。世の中にはさまざまな研究テーマがあり、そのそれぞれにおいていろいろなことが起きていました。成功や失敗はもちろん、失敗を乗り越える人もいれば、脱落する人もいました。あくまで私の印象ですが、研究テーマの良し悪しではなく、何のために研究をしているのか、目的を早い段階で明確にし、ブレずに長年取り組むことができた人が、結局、成功をおさめている印象を受けています。

いまでは、人類が解決しなければならない問題があって、それに関するすごいテーマをみつけて結果を出せば評価されるという、私が長年もっていた研究に関する世界観は間違っていたと思っています。幸いにもいまの日本では、個人が自身の問題意識に従って活躍することが許されています。だからこそ、自分が思う問題をともに解決できる、志が同じ仲間と出会うことが大切です。仲間とともに切磋琢磨しながら問題解決に取り組むことができるテーマこそが、あなたにとっての「よい研究テーマ」ではないでしょうか。「よい研究テーマ」をみつけるというよりは、自分の興味の対象が「よい研究テーマ」となるように行動し育てていくというのがより正解に近いのかもしれません。

先述のとおり、私は英国留学、企業への就職、大学教員への転職など、地に足のつかない人生を歩んできました。いま思えば、大学時代の卒業研究で抱いた研究テーマに対する疑問への答えを探していたのだと思います。ようやく私なりにたどり着いた結論をこうして書籍として世に出せることはこのうえなく嬉しいのですが、同時に、ようやく人生を次のステップに進められそうだという、どちらかというと安堵に近い感情を抱いています。

ここに至るまでに20年以上の歳月を要したことになりますが、その間、IT技術の発展により、人びとは世界中のほとんどの情報にアクセスできるようになりました。機械翻訳により言葉による壁もなくなろうとしています。また、ChatGPTを使っていると、ほとんどの人が全知全能の秘書を手に入れるのはそれほど遠い未来ではないと実感します。そうなると、知識の量はひょっとしたらほとんど意味をなさなくなるかもしれません。価値の源泉となるのは、実際に行動することによって収集した生の情報にもとづき設定した問題の解決のため、さらなる行動に移すといった行動の連鎖でしょう。そういった時代、もしかすると専門知識を伝達する場としての大学の存在意義が薄れていってしまうかもしれません。しかし、本書で紹介した問題解決の方法論はまさに、収集した情報をもとにどのような行動をとるかを決める強力な手法であり、これだけはしばらく陳腐化しないと私は信じています。

ぜひともみなさんの大学生活という貴重な機会のなかで、この問題解決の方法論を実践し、スキルとして身につけてみてください。それを通じてあなたが一生かけて追究できる研究テーマをみつける一助となるのであれば、私にとってはこの上ない喜びです。

最後に、本書では問題解決の方法論としてVEとTRIZの手法を紹介しました。VEに関しては日本バリュー・エンジニアリング協会、TRIZに関しては日本TRIZ協会という組織が活動しています。VE、TRIZに関して興味をもったのであれば、以下のウェブサイトを訪れてみてください。そこではVEやTRIZの概要や文献などが紹介されています。

日本バリュー・エンジニアリング協会HP ☞ https://www.sjve.org
日本 TRIZ 協会 HP ☞ http://www.triz-japan.org

また、私は以下のリンク先のブログやX（旧 Twitter）で、ウズベキスタンでの日常や、教育・研究などについての考えを発信しています。興味のある方はぜひこちらもご覧ください。

ブログ ☞ https://ameblo.jp/westmountain-kiyo
X（旧 Twitter）☞ https://twitter.com/DrKiyoNishi

西山　聖久

巻末資料

40の発明原理とKJ法

Introduction ここでは、TRIZの強力なアイデア発想ツールである40の発明原理と、40の発明原理を含めた問題解決の方法論を用いて発想した大量のアイデアなどを整理するための考え方であるKJ法を紹介します。

1. 40の発明原理

TRIZの理論を開発したアルトシュラーは200万件の特許を分析して「特許が解決している問題とは、2つのパラメーターの対立（矛盾）である」ことに気がつきました。そして、さらに次のことにも気づきました。

- 特許はそのパラメーターの対立を妥協なく取り除く問題解決策を提案している
- 問題解決策の根底にある発想には分野を超えたパターンがあり、その数は限定的である

これらの限定的な発想パターンがここで紹介する「40の発明原理」です。実際の発明原理は次のものになります。

• 分割原理	• ダイナミック性原理	• 機械的システム代替原理
• 分離原理	• アバウト原理	• 流体利用原理
• 局所性質原理	• 多次元移行原理	• 薄膜利用原理
• 非対称原理	• 機械的振動原理	• 多孔質利用原理
• 組合せ原理	• 周期的作用原理	• 変色利用原理
• 汎用性原理	• 連続性原理	• 均質性原理
• 入れ子原理	• 高速実行原理	• 排除/再生原理
• つり合い原理	• “災い転じて福となす”原理	• パラメーター変更原理
• 先取り反作用原理	• フィードバック原理	• 相変化原理
• 先取り作用原理	• 仲介原理	• 熱膨張原理
• 事前保護原理	• セルフサービス原理	• 高濃度酸素利用原理
• 等ポテンシャル原理	• 代替原理	• 不活性雰囲気利用原理
• 逆発想原理	• “高価な長寿命より安価な短寿命”原理	• 複合材料原理
• 曲面原理		

では、それぞれの発明原理の詳細とその使い方を説明していきます。各発明原理には番号（発明原理番号）が振られています。まずは、各発明原理の簡潔な説明とイメージ図、発明原理の身近な活用事例を参照して発明原理を理解しましょう。また、発明原理にもとづく問題解決のための考え方も示しています。

これらは質問の形式になっています。解決したい問題をイメージしながら、これらの質問への答えを考えてみてください。きっと、たくさんの解決策を思いつくことができるでしょう。本文で説明したとおり、問題を2つのパラメーターとして設定したうえで、先の問題のイメージと質問への答えを考えると、さらに高い効果を期待できるはずです。

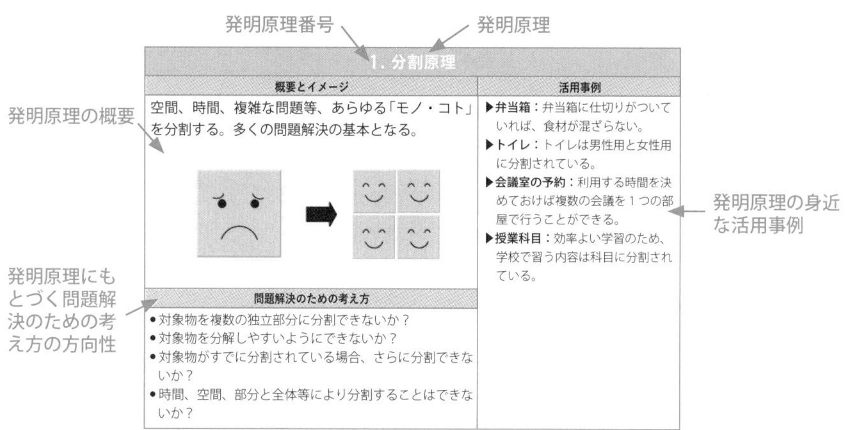

1. 分割原理

概要とイメージ

空間、時間、複雑な問題等、あらゆる「モノ・コト」を分割する。多くの問題解決の基本となる。

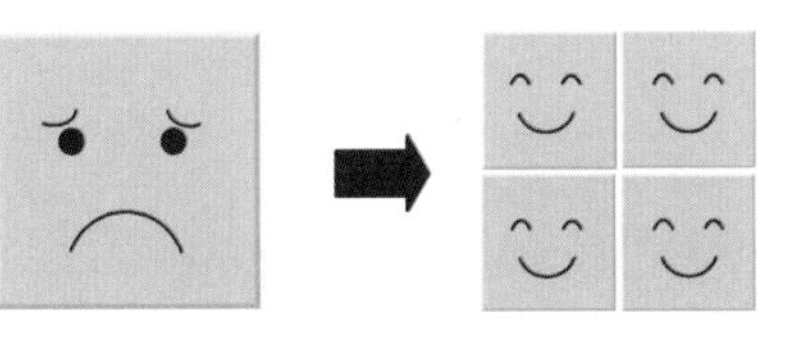

問題解決のための考え方

- 対象物を複数の独立部分に分割できないか？
- 対象物を分解しやすいようにできないか？
- 対象物がすでに分割されている場合、さらに分割できないか？
- 時間、空間、部分と全体等により分割することはできないか？

活用事例

▶**弁当箱：**弁当箱に仕切りがついていれば、食材が混ざらない。

▶**トイレ：**トイレは男性用と女性用に分割されている。

▶**会議室の予約：**利用する時間を決めておけば複数の会議を1つの部屋で行うことができる。

▶**授業科目：**効率よい学習のため、学校で習う内容は科目に分割されている。

2. 分離原理

概要とイメージ

意識的に余計なものや有害なものを「取り除く」、あるいは「抽出」する。

問題解決のための考え方

- 対象物の有害な部分・特性のみを分離できないか？
- 対象物の必要な部分・特性のみを抽出できないか？

活用事例

▶**会員カード：**会員カードをもつ人だけが受けられるサービスがある。

▶**茶こし：**茶こしを使えば、茶葉のみを効率的に取り除くことができる。

▶**喫煙ゾーン：**喫煙ゾーンを設けて、喫煙者と非喫煙者を分離している。

▶**フィルタ回路：**フィルタ回路により信号から不要な周波数成分を除去する。

3. 局所性質原理

概要とイメージ	活用事例
局所的に性質を変えることにより、「モノ・コト」にメリハリをつけて問題を解決する。 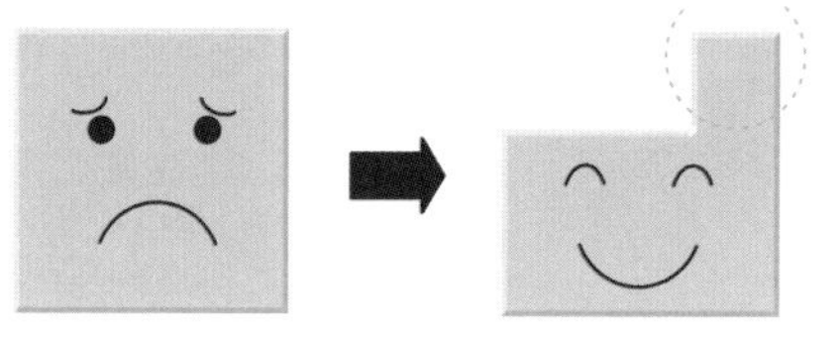 **問題解決のための考え方** ● 均質な構成を不均質な構成に変更できないか？ ● 均質な外部環境を不均質なものに変更できないか？ ● 各部分を局所的に最適な条件下で機能するようにできないか？ ● 各部分がそれぞれ異なる有用な機能を実行できるようにできないか？	▶**手錠：**手錠で手首を拘束して、犯人が逃げないようにする。 ▶**ゴルフクラブ：**棒の先端におもりをつけることにより効率的にエネルギーをボールに伝える。 ▶**専門分野：**多くの人は専門分野を身につけることにより仕事を得る。 ▶**針灸治療：**針灸治療ではツボを刺激することにより体調を改善する。

4. 非対称原理

概要とイメージ	活用事例
均一で対称なものに、非対称性を取り入れて問題を解決する。 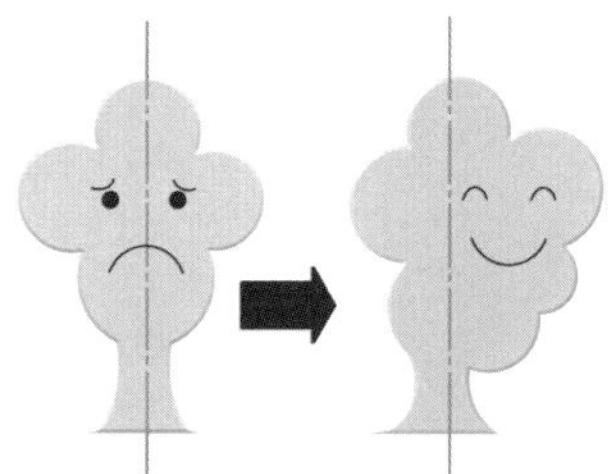 **問題解決のための考え方** ● 対象物の対称な形を非対称に変更できないか？ ● 対象物がすでに非対称である場合は非対称の度合いを強められないか？ ● 外部環境に合わせて対象物を非対称なものに変更できないか？	▶**電池：**電池は非対称な形状で、プラス極かマイナス極かがすぐにわかる。 ▶**てこの原理：**支点から非対称に荷重を加え、重い物をもち上げることができる。 ▶**コネクタ形状：**コネクタは向きを間違えて取りつけないよう非対称な形状をしている。 ▶**マウス：**マウスには人間の手の形に合わせて非対称の形をしているものもある。

5. 組合せ原理

概要とイメージ	活用事例
2つ以上のものを組み合わせて問題を解決する。	▶**スマートフォン：**スマートフォンには必要に応じてさまざまなアプリをインストールできる。 ▶**歯磨きセット：**いつも一緒に使う歯ブラシと歯磨き粉を一緒にしておくと便利。 ▶**消しゴムつき鉛筆：**消しゴムつき鉛筆をもっていれば、消しゴムを忘れることは避けられる。 ▶**ハイブリッドエンジン：**ハイブリッドエンジンでは2つ以上の動力を効率よく組み合わせている。
問題解決のための考え方	
●関連する複数の対象物、操作、機能を組み合わせられないか？ ●複数の対象物、操作、機能を時間的に一緒に動作させられないか？ ●作業を隣接、並行させることはできないか？	

6. 汎用性原理

概要とイメージ	活用事例
汎用性をもたせて、1つのものを複数の用途に使うことを考える。	▶**ボルト・ナット：**規格どおりの穴があれば、ボルトとナットで何でも締結することができる。 ▶**万能ナイフ：**万能ナイフは1つもっていればさまざまな用途で役に立つ。 ▶**レゴ®ブロック：**レゴ®ブロックは、あらゆるものに組み立てることができる。 ▶**ソファーベッド：**ソファーベッドは必要に応じて、ソファーとしてもベッドとしても使うことができる。
問題解決のための考え方	
●1つの対象物やシステムが、複数の機能を実行できるようにできないか？ ●外部の何かに必要な機能をもたせることはできないか？	

<table>
<tr><th colspan="2">7. 入れ子原理</th></tr>
<tr><th>概要とイメージ</th><th>活用事例</th></tr>
<tr><td>ロシアの人形「マトリョーシカ」のように、「内側」に格納するという工夫。
</td><td rowspan="3">▶指し棒：入れ子構造により収縮した指し棒は、必要なときにだけ伸ばして使う。
▶飛行機の車輪：飛行機の車輪は上空では格納されている。
▶パソコンのフォルダ：パソコン上のファイルはフォルダに収めて整理する。
▶買い物カート：買い物カートは重ねて置いておけるので場所をとらない。</td></tr>
<tr><th>問題解決のための考え方</th></tr>
<tr><td>●対象物をほかのものの内部に収納することはできないか？
●対象物を収納した物体をさらに何かに収納することはできないか？
●対象物がほかのものの空洞を通過できるようにできないか？</td></tr>
</table>

<table>
<tr><th colspan="2">8. つり合い原理</th></tr>
<tr><th>概要とイメージ</th><th>活用事例</th></tr>
<tr><td>バランスを考えて組み合わせることで新たな効果を得ようとする。
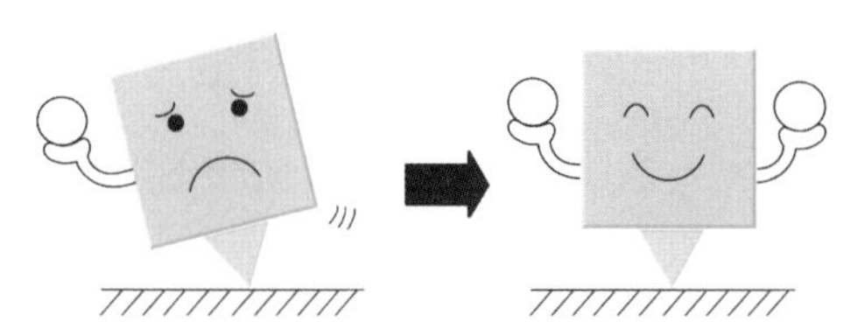</td><td rowspan="3">▶天秤：天秤はつり合いを利用して重さを客観的に測定する。
▶飛行船：飛行船のなかには空気より比重の小さい気体が入っており、浮力が生じる。
▶エレベータ：エレベータは、乗客とおもりとのつり合いを利用している。
▶浮き輪：浮き輪を使えば、空気の浮力を利用して水に浮いていられる。</td></tr>
<tr><th>問題解決のための考え方</th></tr>
<tr><td>●対象物の重さに関する問題を、空気力、流体の力、浮力等を利用して解決できないか？
●ほかの物体とつり合わせてもち上げることにより、対象物の重さを補正できないか？
●つり合いがとれるように工夫することはできないか？</td></tr>
</table>

<table>
<tr><th colspan="2">9. 先取り反作用原理</th></tr>
<tr><th>概要とイメージ</th><th>活用事例</th></tr>
<tr><td>あらかじめエネルギーを蓄える。そして、何かを動作させたとき、蓄えたエネルギーを用いてもとの状態に戻る性質を利用する。
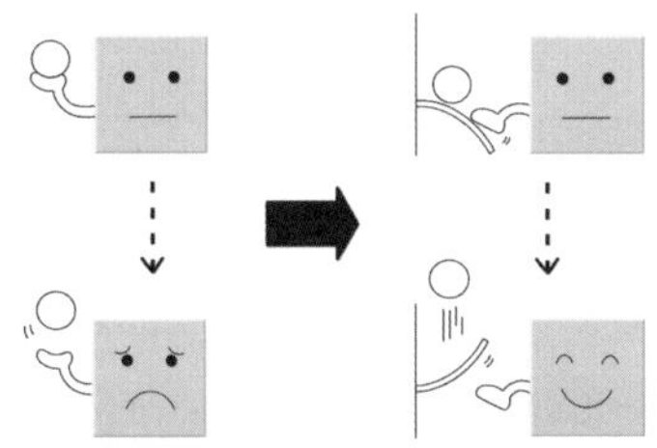</td><td rowspan="3">▶保険：保険では、お金を会員から集めておき、共同していざというときに備えている。
▶強化ガラス：強化ガラスの表面には、圧縮の応力があらかじめ生じさせてある。
▶洗濯バサミ：洗濯バサミはレバーを押すと開き、放すとバネの力で洗濯物を掴む。
▶巻尺：巻尺は蓄えられたエネルギーを利用してワンタッチで巻き取ることができる。</td></tr>
<tr><th>問題解決のための考え方</th></tr>
<tr><td>● ある作用が有害な効果をともなう場合、あらかじめ有害な効果を減じる対策をすることはできないか？
● 対象物にあらかじめエネルギーを蓄えておくことで、有害な効果を減らすことはできないか？</td></tr>
</table>

<table>
<tr><th colspan="2">10. 先取り作用原理</th></tr>
<tr><th>概要とイメージ</th><th>活用事例</th></tr>
<tr><td>あとで行われるだろうことを先取りして仕込んでおく。
</td><td rowspan="3">▶避難用袋：いつ起こるかわからない災害に備え、避難用袋を準備しておく。
▶ゴミ箱：ゴミ箱を設置しておけば部屋が散らからないうえに、回収も楽である。
▶書類のフォーマット：フォーマットを用意することにより、誰もが簡単に書類を作成できる。
▶切手：切手には切り取りやすいようあらかじめ切り取り線が設けてある。</td></tr>
<tr><th>問題解決のための考え方</th></tr>
<tr><td>● 対象物にとって有用な作用を、必要になる前に導入しておくことはできないか？
● 何かをあらかじめ配置しておき、最も便利なときと場所で動作できるようにできないか？</td></tr>
</table>

<table>
<tr><th colspan="2">11. 事前保護原理</th></tr>
<tr><th>概要とイメージ</th><th>活用事例</th></tr>
<tr><td>壊れやすいもの、壊れると困るものを「事前に保護」しておく。
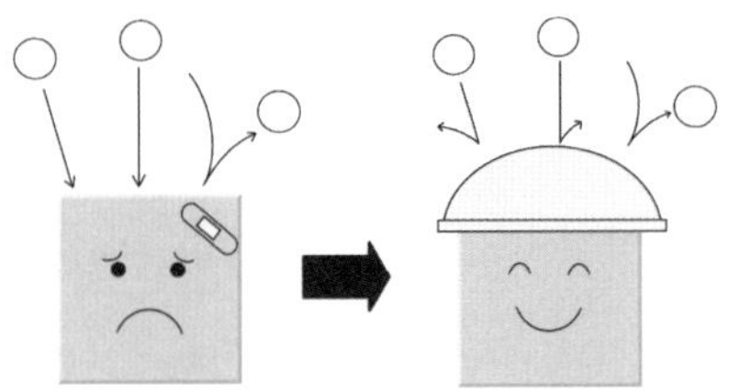
問題解決のための考え方
●対象物の信頼性が低い場合、あらかじめ何か準備できることはないか？</td><td>▶遮断機：電車が通る直前に警報音を発し、人が線路へ侵入しないようにしている。
▶非常口：突然の災害に備えて多くの施設には非常口が備えられている。
▶シートベルト：衝突に備えて自動車に乗るときはシートベルトを締める。
▶ヘルメット：事故の際に頭部を保護するためにヘルメットをかぶる。</td></tr>
</table>

<table>
<tr><th colspan="2">12. 等ポテンシャル原理</th></tr>
<tr><th>概要とイメージ</th><th>活用事例</th></tr>
<tr><td>「等しい位置関係」「等しい高さ」にすることで、ものごとがスムーズに進むようにして問題を解決する。
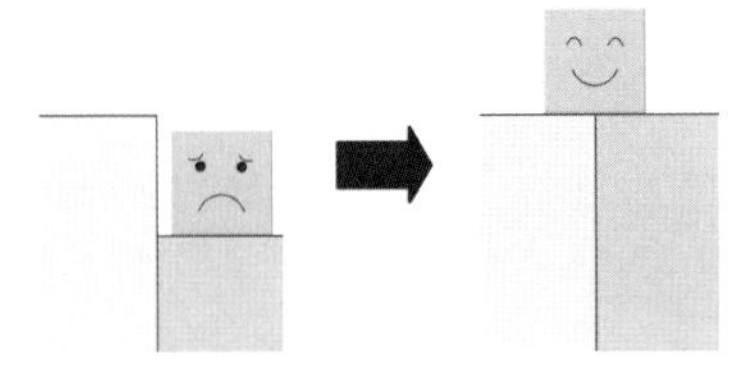
問題解決のための考え方
●作業位置が変化する場合、その必要性を除去することはできないか？
●対象物の動作環境を変更してエネルギーの使用量を減らすことはできないか？</td><td>▶電車のホーム：電車の床の高さに合わせてホームの高さが設定されている。
▶生理食塩水：生理食塩水は体液と同等の濃度に設定されており、体に入れても問題ない。
▶バリアフリー：バリアフリーの施設では、極力段差がなくなるよう配慮されている。
▶エスカレーター：エスカレーターを使えば、段差を登らずに上の階に移動することができる。</td></tr>
</table>

13. 逆発想原理	
概要とイメージ	活用事例
ものごとを「さかさま」にすることにより問題解決を考える。逆転の発想ともいわれる。 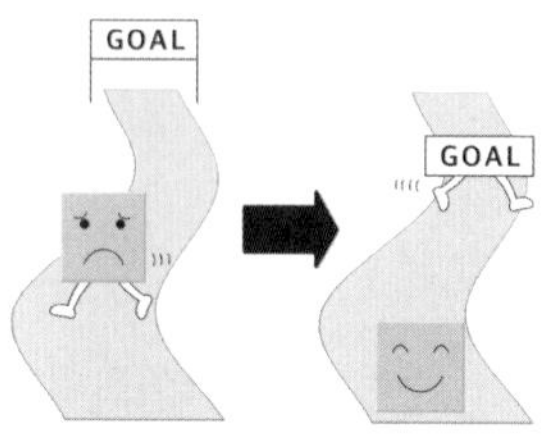 	▶**ろくろ：**ろくろは、回転する粘土に手を当てることにより、器を成型する。 ▶**バイキング形式：**バイキング形式のレストランでは好きな料理を自分で取りに行く。 ▶**宅配ピザ：**お店に行かなくても、宅配ピザは家にピザを配達してくれる。 ▶**動く歩道：**動く歩道は、人が歩道の上を歩くのではなく、歩道が動いて人を運ぶ。
問題解決のための考え方	
●動作を逆にすることにより問題が解決されないか？ ●可動部分や外部環境を固定して、固定部分を可動にしてはどうか？ ●対象物やプロセスを逆にしたらどうなるか？	

14. 曲面原理	
概要とイメージ	活用事例
曲線、曲面の導入を考える。円運動、遠心力の応用につながることもある。 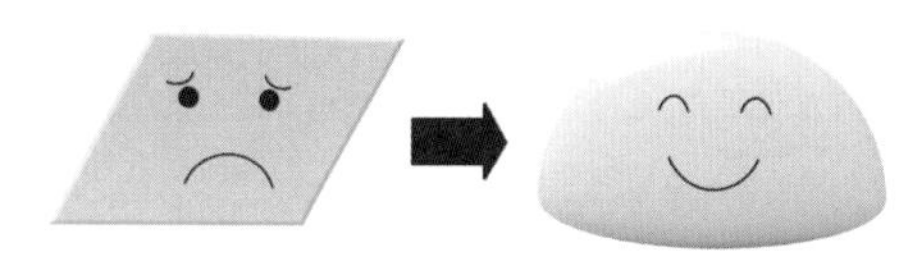	▶**日本刀：**日本刀は少し反った形にすることにより、切っても折れにくい。 ▶**らせん階段：**階段をらせん状に設置すればスペースを省くことができる。 ▶**アーチ形状：**アーチ形状は、崩れることなく橋やトンネルを支えている。 ▶**ラウンドアバウト：**ラウンドアバウトの交差点では信号が必要なく、高い安全性も確保できる。
問題解決のための考え方	
●対象物の直線部分を曲線にしたらどうなるか？ ●対象物の平面を曲面にしたらどうなるか？ ●ローラー、ボール、らせん、ドーム等を使用できないか？ ●直線運動を回転運動に変更できないか？ ●遠心力を利用できないか？	

15. ダイナミック性原理

概要とイメージ

可動部を増やしたり、調節機能をつけたりして、適応的・動的対応がとれるようにする。

問題解決のための考え方

- 適応性を高めるために、対象物の特性、外部環境、プロセスを変更することはできないか？
- 部分的に分割して相対的に運動可能にできないか？
- 対象物に柔軟性がない場合、可動性を高めて対応することはできないか？
- 対象物の自由度を高めることはできないか？

活用事例

▶**折りたたみ傘：**可動部を増やせば、傘をさらに小さく折りたたむことができる。

▶**乗り物のシート：**乗り物のシートの多くは、用途に合わせて倒したり回転させたりできる。

▶**ノートパソコン：**ノートパソコンはスクリーンを折りたたむことにより、もち運びやすくなっている。

▶**曲がるストロー：**ストローが曲がれば、吸い口に合わせて柔軟に飲むことができる。

16. アバウト原理

概要とイメージ

少しだけ足りなかったり、過剰な状態でも動くようにしたりする方法はないかを考える。

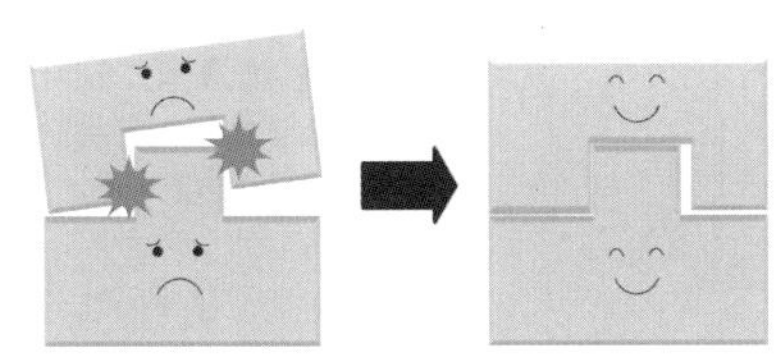

問題解決のための考え方

- 正確に正しい量の作用を行うことが困難な場合、「少し少ない」または「少し多い」作用を施して解決できないか？
- 誤差を許容することで、問題は解決されないか？

活用事例

▶**四捨五入：**必要に応じて数字を四捨五入しておおまかに計算する。

▶**円周率：**円周率をおおよそ3.14として計算しても実用的には問題ない。

▶**漏斗：**じょうごを用いれば、液体をこぼさずに瓶に注ぐことができる。

▶**服のサイズ：**服のサイズはS、M、L等のなかからおおよそ自分に合うものを選ぶ。

17. 多次元移行原理

概要とイメージ

線（1次元）を面（2次元）に、面（2次元）を立体（3次元）に、ものごとの次元を増やすことを考える。

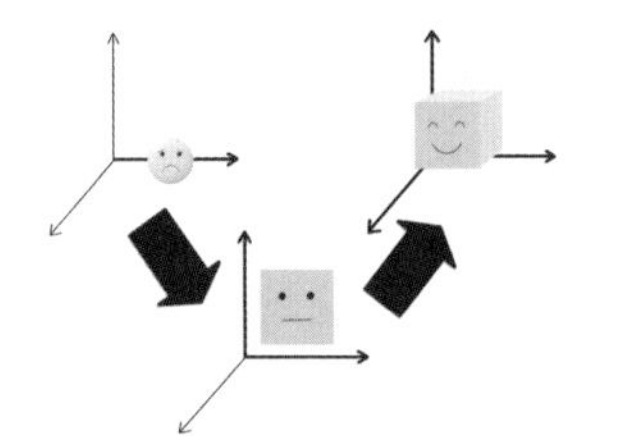

問題解決のための考え方

- 対象物が直線を含む場合、直線外の次元を利用できないか？
- 対象物が平面を含む場合、平面外の次元を利用できないか？
- 対象物を多層に配列できないか？
- 対象物の向きを変えられないか？
- 対象物の反対側を活用できないか？

活用事例

▶**ヒートシンク：**ヒートシンクは3次元形状にすることにより表面積を増やしている。

▶**歩道橋：**歩道橋があれば交通状態にかかわらず道路を横断できる。

▶**高層ビル：**スペースを上に積み上げることで土地を有効に活用する。

▶**地下鉄：**地下を利用することで、柔軟に鉄道を張り巡らせている。

18. 機械的振動原理

概要とイメージ

さまざまな周波数の機械的振動を加えることが問題解決につながることがよくある。

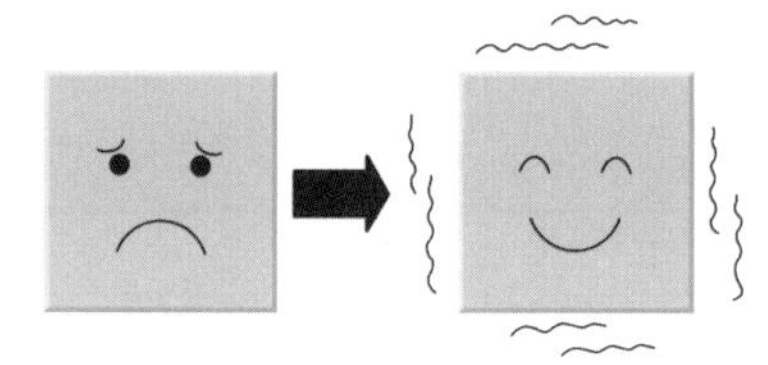

問題解決のための考え方

- 対象物を振動させるとどうなるか？
- 振動数を超音波程度になるまで増大させるとどうなるか？
- 対象物の共振振動を利用できないか？
- 機械的振動ではなく圧電振動を利用できないか？
- 超音波振動と電磁界振動を組み合わせて利用できないか？

活用事例

▶**楽器：**さまざまな楽器でいろいろな音域の音を奏でることができる。

▶**ミキサー：**ミキサーは振動を加えることにより食材を撹拌する。

▶**超音波眼鏡洗浄：**超音波振動により発生する気泡を用いて、眼鏡を短時間で洗浄できる。

▶携帯のマナーモード：携帯のマナーモードでは音の代わりに振動で着信を伝える。

19. 周期的作用原理

<table>
<tr><th>概要とイメージ</th><th>活用事例</th></tr>
<tr><td>連続的な動作を、周期的な動作を工夫することにより問題を解決する。
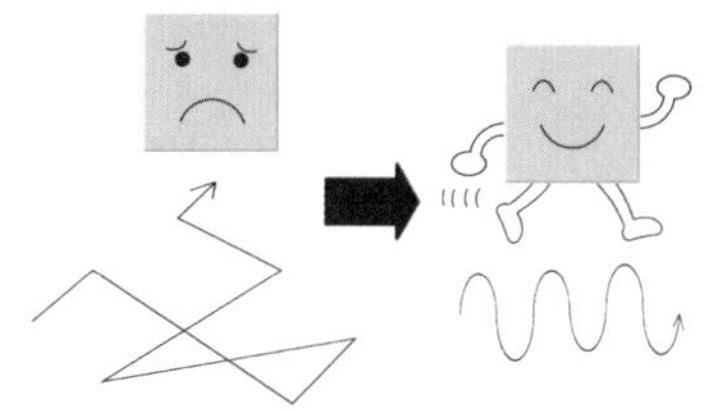</td><td rowspan="3">▶定期的なセール：スーパー等では定期的にセールを行い、客の購買意欲を高めている。
▶春夏秋冬：毎年、春夏秋冬が周期的に訪れることがさまざまな場面で意識されている。
▶信号機：信号機は周期的に切り替わることにより、交通整理を行っている。
▶時計：時計は周期的な動きの組合せで時を刻む。</td></tr>
<tr><th>問題解決のための考え方</th></tr>
<tr><td>● 連続的な動作を周期的な動作に置き換えるとどうなるか？
● 動作がすでに周期的ならば、周期の程度を変えてみてはどうか？
● 周期的な動作が一時停止している間に、別の動作を遂行できないか？</td></tr>
</table>

20. 連続性原理

<table>
<tr><th>概要とイメージ</th><th>活用事例</th></tr>
<tr><td>休止から復帰に手間がかかるような動作を継続することで問題を解決する。
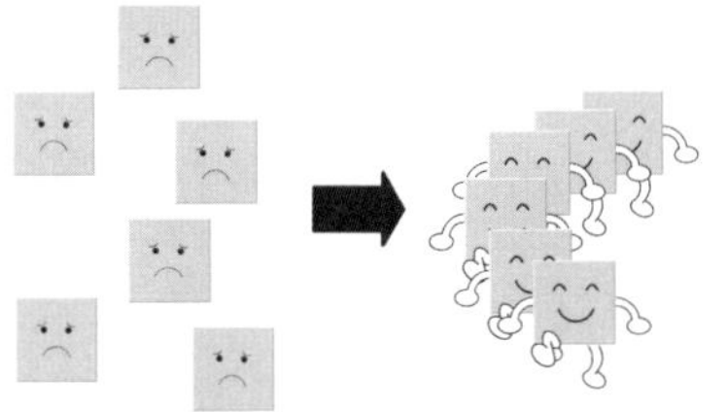</td><td rowspan="3">▶回転寿司：回転寿司では、寿司が連続的に客の前を通過していく。
▶コンビニ：24時間休まず営業しているコンビニは便利。
▶ピザカッター：ピザカッターは刃が回転することにより連続的にピザを切断する。
▶トイレットペーパー：トイレットペーパーは連続的に必要な長さを切り取ることができる。</td></tr>
<tr><th>問題解決のための考え方</th></tr>
<tr><td>● 作業を連続的に遂行できないか？
● 対象物のすべての部分が常に最大負荷で動作するようにできないか？
● 遊休状態、断続的な動作をなくすことはできないか？</td></tr>
</table>

21. 高速実行原理

概要とイメージ	活用事例
操作を高速で実行して、破壊的、有害、危険な作用が出る前に問題を解決することを考える。 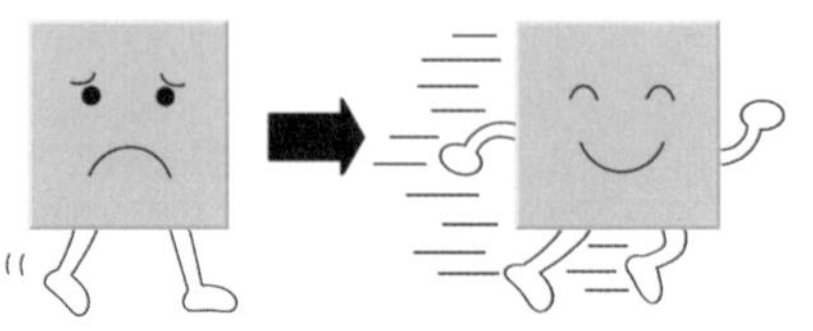 **問題解決のための考え方** ● 動作を高速で実行して破壊的、有害、危険な作用が出る前に解決できないか？	▶**注射**：注射は、一瞬で直接薬を体内に注入する。 ▶**エアバッグ**：エアバッグは衝突の瞬間に作動し、ドライバーを守る。 ▶**急速冷凍**：瞬間的に冷凍することにより、食材をより新鮮に保存できる。 ▶**フラッシュ撮影**：一瞬のフラッシュの点灯で、暗いなかでも写真を撮ることができる。

22. "災い転じて福となす"原理

概要とイメージ	活用事例
有害物をうまく転用して役に立つものにすることにより問題を解決する。 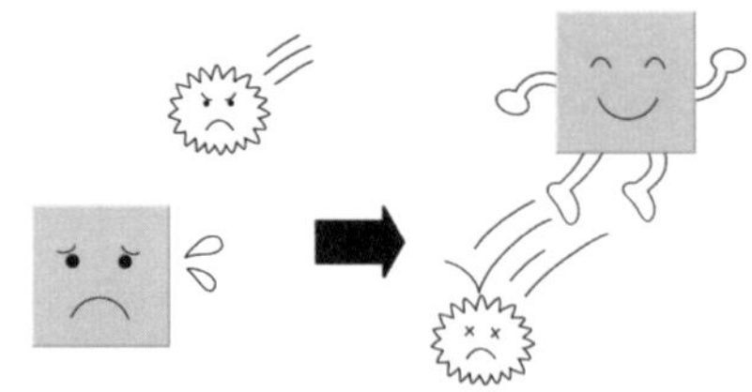 **問題解決のための考え方** ● 有害要因、ときに環境や周囲条件の有害な影響を利用して有益な効果を獲得できないか？ ● おもな有害動作を別の有害動作に追加して相殺し、問題を解決できないか？ ● 有害要因を有害でなくなるまで増大させられないか？	▶**リサイクル**：リサイクルでは本来廃棄されるものを資源として再利用する。 ▶**予防接種**：ウイルスや細菌の毒性を弱めて、あらかじめ少量接種しておくことで免疫をつくる。 ▶**廃熱利用**：焼却場では廃熱がさまざまな用途で再利用されている。 ▶**埋立地**：埋立地は廃棄物を利用して、新しい土地という有益なものをつくる。

23. フィードバック原理

概要とイメージ

後工程で起きたことを前工程に知らせることにより出力を調整し、状況を改善する。

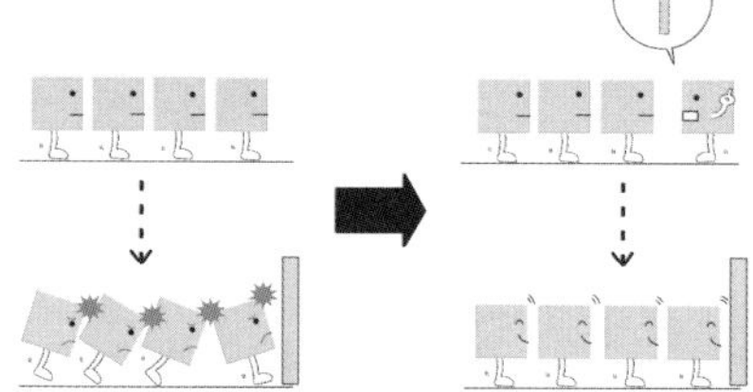

問題解決のための考え方

- 前の状態を参照するなどのフィードバックを導入してプロセスや動作を改善できないか？
- すでにフィードバックを利用している場合は、その程度や影響度を変更できるか？

活用事例

▶**アンケート調査：**アンケート調査により、多くの人の意見を集め、サービスの向上に努める。

▶**自転車のライト：**自転車のライトは、周囲の明るさを検知して自動的に点灯する。

▶**制御機構：**ロボットや機械は、現在の状況を検出しながら動作する。

▶**エアコン：**エアコンは、室温を設定温度に保つため、室温を検出して調整する。

24. 仲介原理

概要とイメージ

直接作用するとよくないことが起きる状況で、適切な仲介役を導入して無害化を行う。

問題解決のための考え方

- 何かを介在させることにより動作を効率化できないか？
- 対象物を、簡単に除去できるほかの物質と一時的に組み合わせることはできないか？

活用事例

▶**弁護士：**もめごとが起きた際、弁護士を間に立てることにより法的権利を守る。

▶**歯磨き粉：**歯ブラシと歯の間に歯磨き粉を介在させ効率よく汚れを落とす。

▶**お金：**お金により、さまざまなモノやサービスがスムーズに世に流通している。

▶**潤滑剤：**部品の間に潤滑剤を入れることにより機械がスムーズに動く。

25. セルフサービス原理

概要とイメージ	活用事例
動作を自動的に実施することにより、状況を改善する。 **問題解決のための考え方** ● 対象物がそれ自体で機能を実行するようにできないか？ ● 廃棄資源、廃棄エネルギー、排気物質を利用できないか？	▶**セルフのガソリンスタンド：**セルフのガソリンスタンドでは、割安の価格でガソリンを入れることができる。 ▶**自動改札機：**自動改札機があれば、駅員は乗客の切符を確認しなくてもよい。 ▶**自動販売機：**自動販売機は自動で常時、飲み物を売っている。 ▶**自動ドア：**人が来ると自動的に開く自動ドアは、ドアを開ける手間を省いてくれる。

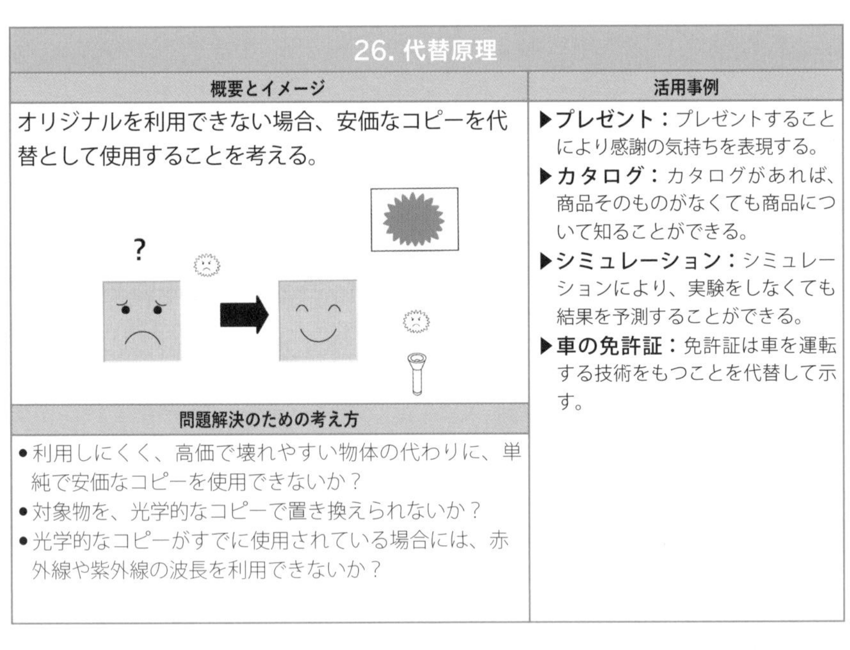

26. 代替原理

概要とイメージ	活用事例
オリジナルを利用できない場合、安価なコピーを代替として使用することを考える。 **問題解決のための考え方** ● 利用しにくく、高価で壊れやすい物体の代わりに、単純で安価なコピーを使用できないか？ ● 対象物を、光学的なコピーで置き換えられないか？ ● 光学的なコピーがすでに使用されている場合には、赤外線や紫外線の波長を利用できないか？	▶**プレゼント：**プレゼントすることにより感謝の気持ちを表現する。 ▶**カタログ：**カタログがあれば、商品そのものがなくても商品について知ることができる。 ▶**シミュレーション：**シミュレーションにより、実験をしなくても結果を予測することができる。 ▶**車の免許証：**免許証は車を運転する技術をもつことを代替して示す。

27. “高価な長寿命より安価な単寿命”原理

概要とイメージ	活用事例
高価な物体を多数の安価な物体に置き換えることにより、メンテナンスの手間やエネルギーを減らすことを考える。 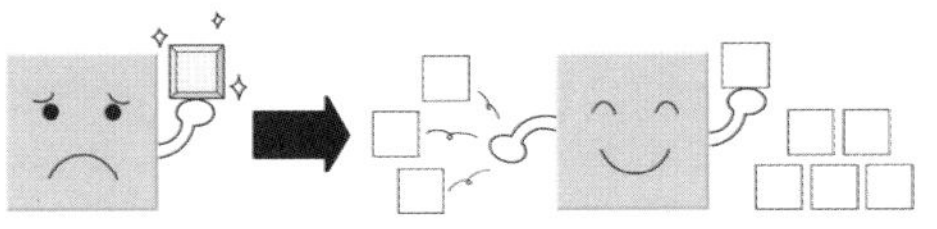	▶**ティーバッグ：**ティーバッグで簡単にお茶を入れられる。使用後はそのまま捨てるだけ。 ▶**使い捨てのスリッパ：**ホテルや飛行機のなかで提供されるスリッパは使い捨てであることが多い。 ▶**ティッシュペーパー：**ティッシュペーパーは拭いたあと、捨てるので洗う必要がない。 ▶**割り箸：**レストラン等では、使い捨ての割り箸が使われていることが多い。
問題解決のための考え方	
● 高価な物体やシステムを、多数の安く短寿命の物体に取り替えられないか？	

28. 機械的システム代替原理

概要とイメージ	活用事例
システムのなかで物理的に行っていたことを、電磁波等のほかの原理を使うことによって問題を解決する。 	▶**ハンドドライヤー：**ハンドドライヤーは温かい風でぬれた手を乾かす。 ▶**磁気カード：**磁気カードは磁気によりさまざまな情報を記憶し読み取ることができる。 ▶**リニアモーターカー：**リニアモーターカーは車輪やレールの代わりに磁力で浮いて走行する。 ▶**レーザーポインタ：**レーザーポインタは指し棒の代わりにレーザーで対象物を指す。
問題解決のための考え方	
● 機械的手段を工学、音響、味覚、嗅覚などの知覚手段に置き換えることはできないか？ ● 電界、磁界、電磁界を利用して対象物と相互作用を起こせないか？ ● 空間的に静止している物を移動可能に、時間的に固定しているものを変動可能に、非構造的なものを構造化できないか？	

<table>
<tr><th colspan="2">29. 流体利用原理</th></tr>
<tr><th>概要とイメージ</th><th>活用事例</th></tr>
<tr><td>固体だと難しいことを、液体や気体のもつ特性(柔軟性、浸透性等)を用いて実現することを考える。
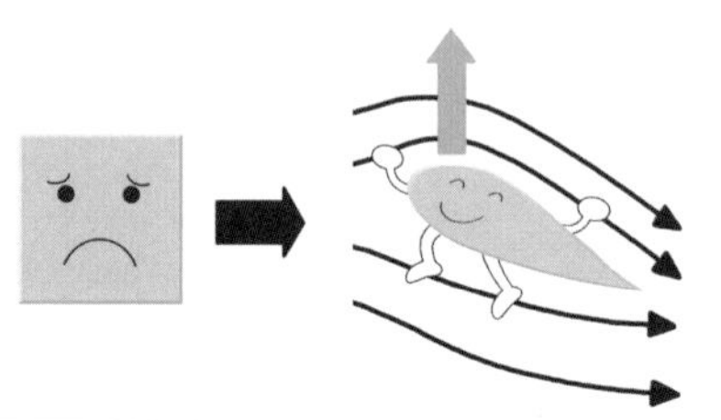
問題解決のための考え方
● 固体の部分あるいはシステムの代わりに、気体および液体を使用できないか？
● 膨張、液体充填、エアクッション、静水圧、流体反応等を利用できないか？</td><td>▶油圧システム：油圧システムでは、液体(油)をエネルギーの媒体として機械を動かす。
▶離乳食：赤ちゃんでも食べられるように、食べ物を液体の状態にしたのが離乳食である。
▶ドライヤー：ドライヤーは温かい風により、髪の毛についた水分を除去する。
▶水枕：水枕のなかには水が入っていて、熱が出たとき頭を冷やすために使われる。</td></tr>
</table>

<table>
<tr><th colspan="2">30. 薄膜利用原理</th></tr>
<tr><th>概要とイメージ</th><th>活用事例</th></tr>
<tr><td>薄膜で物質を覆う、内側と外側を分離する、薄膜を丸めたり重ねたりすることで3次元構造をつくり、問題を解決する。
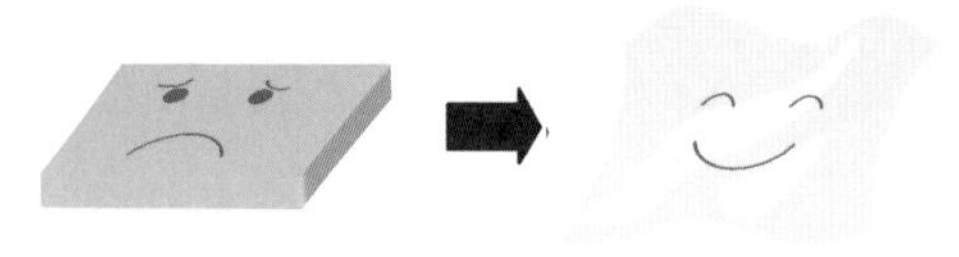
問題解決のための考え方
● 3次元構造の代わりに柔軟な殻や薄膜を利用できないか？
● 柔軟な殻や薄膜を使用して物体を外部環境から分離できないか？</td><td>▶サランラップ：薄膜であるサランラップはさまざまな用途に用いることができる。
▶バンドエイド：けがをしたときは、バンドエイド(薄膜)を傷口に貼って保護する。
▶薄板加工：薄板を加工することによりさまざまな部品が成型でき、材料も少なくて済む。
▶保護フィルム：スマートフォンの画面等に傷がつかないように保護フィルムを貼る。</td></tr>
</table>

31. 多孔質利用原理

概要とイメージ

孔がなかったものに穴をあけたり、穴を増やしたり、多孔質性を付加することにより、新たな機能を考える。

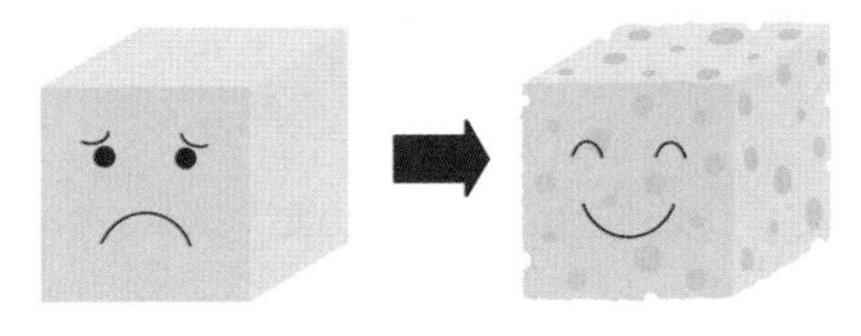

問題解決のための考え方

- 対象物を多孔質にするか、多孔質の要素を加えて問題を解決できないか？
- 対象物がすでに多孔質の場合は、有用なものを多孔質の孔に加えられないか？

活用事例

- ▶**スポンジ：**スポンジのなかの小さな穴が、効率よく水分を吸収し、汚れを取る。
- ▶**緩衝材：**割れ物を保護する緩衝材は多孔質構造をもつものが多い。
- ▶**メレンゲ：**メレンゲは、卵白に気泡を混ぜて多孔質にしたお菓子。
- ▶**セラミックフィルタ：**多孔質にしたセラミックは、不純物を除去するフィルタとして用いられる。

32. 変色利用原理

概要とイメージ

色を変える(透明にする、発光させる、マーキングする等)ことにより、視認性や弁別性を増大させることを考える。

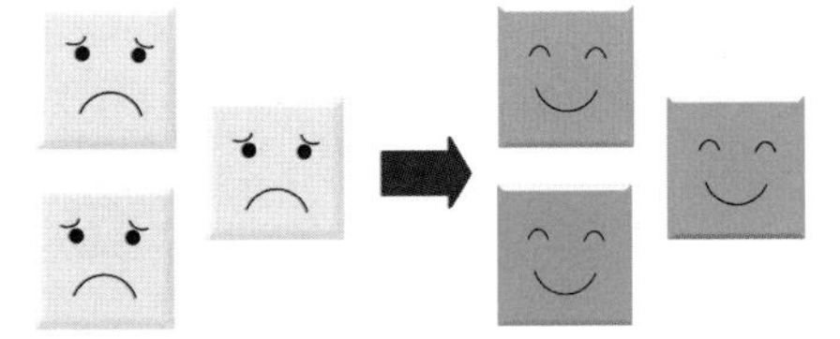

問題解決のための考え方

- 物体あるいはその周辺の色を変えるとどうなるか？
- 物体あるいはその周辺の透明度を変えるとどうなるか？
- ものの見えやすさを変えるため、有色の添加物や発光要素を使用できないか？
- 放射熱を受ける物体の放射率特性を変更できないか？

活用事例

- ▶**横断歩道：**色分けされた横断歩道は遠くの運転手からでも確認することができる。
- ▶**迷彩色：**迷彩色の服を着ていれば周囲の森林と同化することができる。
- ▶**路線図：**複雑な路線も色分けして表示することによりみやすくなる。
- ▶**透明な容器：**容器を透明にすることにより、中身やその量を確認できる。

33. 均質性原理	
概要とイメージ	**活用事例**
隣り合った部品どうしを同じ材料・材質に替えてみることにより、問題を解決する。 	▶**清水寺**：清水寺の舞台は釘を用いず木を組むことによりできている。 ▶**制服**：制服を着ることにより組織への帰属意識や一体感が生まれる。 ▶**アイスコーヒー**：コーヒーを凍らせた氷であれば、溶けてもアイスコーヒーが薄まらない。 ▶**お菓子の家**：「お菓子の家」はすべてお菓子でできており、食べることができる。
問題解決のための考え方	
● 相互作用する物体を同じ材料（または対応する特性をもつ材料）でつくることはできないか？	

34. 排除/再生原理	
概要とイメージ	**活用事例**
役目を果たした部分を「排除」し、その分を「再生」するようにする。 	▶**カッターナイフ**：切れ味がなくなったカッターナイフを折ると新しい刃が供給される。 ▶**シャープペンシル**：シャープペンシルは、ノックすることで新たに芯をだして書くことができる。 ▶**鋳型**：砂でできた鋳型は製品を成型したあとは除去される。 ▶**消しゴム**：消しゴムは使用した部分が除去され、未使用の部分が出てくる。
問題解決のための考え方	
● 機能を完了した部分を溶融、蒸発などにより廃棄、排出することはできないか？ ● 動作中に機能を完了した部分を修正できないか？ ● 動作中に、対象物の消耗部分を回復させられないか？	

35. パラメーター変更原理

概要とイメージ

目の前の材料や反応状態のパラメーターを変えてみることにより問題を解決する。

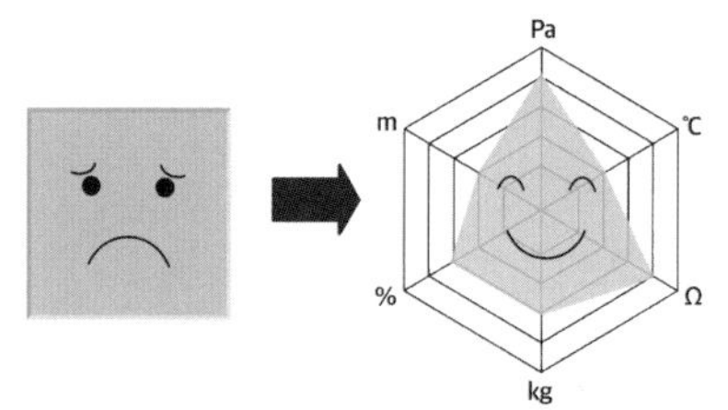

問題解決のための考え方

- 対象物の物理的な状態を変更できないか？（たとえば、気体、液体、固体へ）
- 濃度や均一性を変更できないか？
- 柔軟性の程度を変更できないか？
- 温度、圧力等、ほかのパラメーターを変更できないか？

活用事例

▶**冷凍保存：**冷凍すると食品を長期間保存することができる。

▶**卵料理：**卵は、茹でる、混ぜる、焼くなど、さまざまにパラメーターを変更して調理する。

▶**圧力鍋：**鍋のなかを高圧にすることにより、調理時間を短縮できる。

▶**カルピス®：**カルピス®は濃い原液の状態で売られており、飲むときに薄める。

36. 相変化原理

概要とイメージ

体積の変化、熱の損失や吸収など相変化の間に起こる現象を利用して問題を解決する。

問題解決のための考え方

- 相変化の間に起こる現象を利用できないか？（たとえば、体積の変化、熱の損失や吸収等）

活用事例

▶**氷水：**氷が水に相変化する際の熱移動を冷却に利用することができる。

▶**ドライアイス：**ドライアイスは室温では二酸化炭素に昇華するので濡れない。

▶**蒸気機関：**蒸気機関は、水が水蒸気に相変化する際の体積の変化を利用している。

▶**ダイナマイト：**ダイナマイトは化学変化による急速な体積膨張を利用したものである。

37. 熱膨張原理

概要とイメージ	活用事例
材料の熱膨張や熱収縮を利用して問題を解決する。異なる熱膨張係数をもつ複数の材料を使う。 	▶**温度計：**温度計は液体の熱膨張を利用して温度を目視できるようにしている。 ▶**ポップコーン：**トウモロコシがなかの空気の熱膨張によりはじけたものがポップコーンである。 ▶**熱気球：**熱気球はなかの空気を熱して比重を外部の空気より軽くして浮いている。 ▶**バイメタル：**熱膨張率の異なる2種類の金属を合わせるとさまざまな機能を実現できる。
問題解決のための考え方	
●材料の熱膨張や熱収縮を利用できないか？ ●熱膨張を利用している場合は、熱膨張係数の異なる複数の材料を利用できないか？	

39. 高濃度酸素利用原理

概要とイメージ	活用事例
高濃度の酸素を使うことを考える。また、周囲の反応性を高くする物質で周囲を満たすと読み替えて応用することもできる。 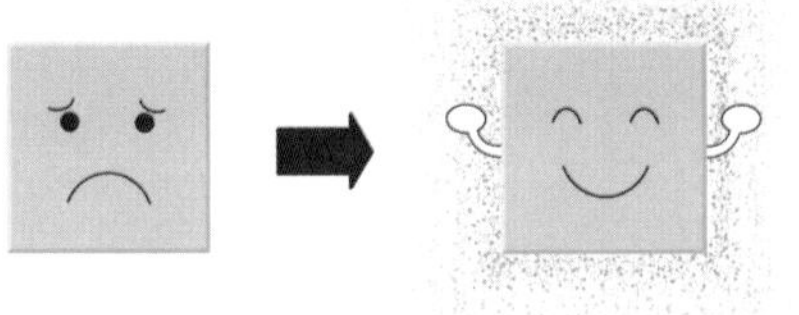	▶**鰻のかば焼き：**鰻を焼くとき、うちわであおいで酸素を送り込み、炭がよく燃えるようにする。 ▶**酸素カプセル：**酸素カプセルに入ると、疲労回復等の効果を得られる。 ▶**漂白剤：**漂白剤は、薬剤の酸化還元作用を利用してシミや汚れの色を取り除く。 ▶**パーティーの音楽：**パーティーで音楽をかけることにより、会場が盛り上がる。
問題解決のための考え方	
●通常の空気を高濃度の酸素を含んだ空気と入れ換えられないか？ ●高濃度の酸素を含んだ空気を純粋な酸素と入れ換えるとどうなるか？ ●空気や酸素に電離放射線を照射するとどうなるか？ ●場の雰囲気を不活性化させることはできないか？	

39. 不活性雰囲気利用原理	
概要とイメージ	活用事例
酸素のような反応性の高いものを取り除き、不活性な雰囲気に包むことにより問題を解決する。 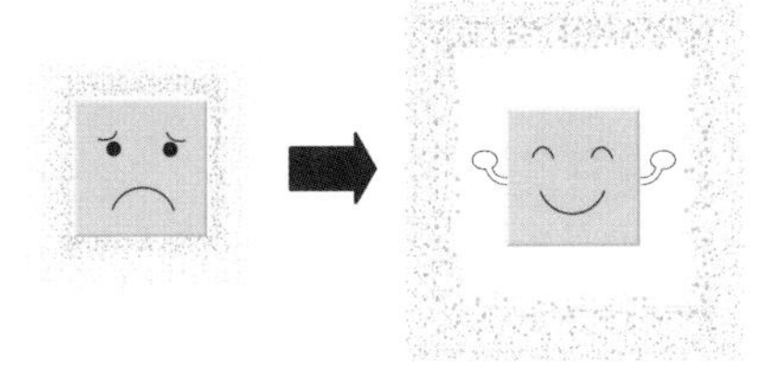	▶**レトルト食品：**レトルト食品は、なかの食品を酸素から隔離して長期保存している。 ▶**消火器：**消火器は、燃焼に必要な酸素との接触を断つことにより消火する。 ▶**漬物：**漬物は、食塩や酢等に漬け込むことにより保存性を高めた食材。 ▶**儀式：**みんなが沈黙することで、厳格な雰囲気をつくりだす。
問題解決のための考え方	
●通常の環境を不活性な環境にすることはできないか？ ●中性な部品や不活性添加剤を物体に加えられないか？ ●場の雰囲気を不活性化させることはできないか？	

40. 複合材料原理	
概要とイメージ	活用事例
均一材料であったものを、複数の材料の複合材にすることを考える。 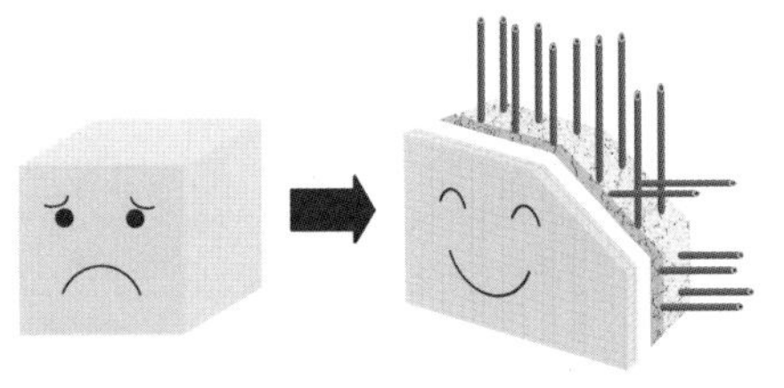	▶**鉄筋コンクリート：**鉄筋をなかに入れることにより、脆い材料であるコンクリートを強化する。 ▶**繊維強化プラスチック（FRP）：**繊維強化プラスチックはプラスチックを繊維で強化した材料である。 ▶**チャーハン：**チャーハンはご飯とともにさまざまな食材が一緒に入った手軽な料理である。 ▶**お好み焼き：**さまざまな食材を小麦粉と混ぜて焼き上げた食べ物がお好み焼きである。
問題解決のための考え方	
●均一な材料を複合材料に変更することはできないか？ ●材料を特別な機能的な要求に最適化できないか？	

40の発明原理のなかには、いまいちピンとこないものもあるかもしれません。しかし、イラストや事例などを参照しながらその概念を理解すれば、分野を超えた先人たちによる問題解決がどのようになされたかがわかるでしょう。そして、あなたがいま直面している問題に対しても、解決策のアイデアを発想するための参考にもなるでしょう。

本文では、空間、時間、状況、部分と全体の視点から、パラメーターの悪化を取り除くことを検討し、アイデアを発想すると説明しました。それぞれの視点で活用するべき40の発明原理を整理したのが次の表です。必要な役割を、上位の役割を果たす要素へ移行する、下位の役割を果たす要素へ移行する、ほかの役割を果たす要素へ移行する際に必要な発明原理についても整理されています。

視点	発明原理
空間的視点	1. 分割原理
	2. 分離原理
	3. 局所性質原理
	17. 多次元移行原理
	13. 逆発想原理
	14. 曲面原理
	7. 入れ子原理
	30. 薄膜利用原理
	4. 非対称原理
	24. 仲介原理
	26. 代替原理
時間的視点	15. ダイナミック性原理
	10. 先取り作用原理
	19. 周期的作用原理
	11. 事前保護原理
	16. アバウト原理
	21. 高速実行原理
	26. 代替原理
	18. 機械的振動原理
	37. 熱膨張原理
	34. 排除/再生原理
	9. 先取り反作用原理
	20. 連続性原理
条件的視点	35. パラメーター変更原理
	32. 変色利用原理

視点	発明原理
条件的視点	36. 相変化原理
	31. 多孔質利用原理
	38. 高濃度酸素利用原理
	39. 不活性雰囲気利用原理
	28. 機械的システム代替原理
	29. 流体利用原理
部分と全体の視点	1. 分割原理
	3. 局所性質原理
	5. 組合せ原理

移行	発明原理
下位の役割を果たす要素への移行	1. 分割原理
	25. セルフサービス原理
	40. 複合材料原理
	33. 均質性原理
	12. 等ポテンシャル原理
上位の役割を果たす要素への移行	5. 組合せ原理
	6. 汎用性原理
	23. フィードバック原理
	22. “災い転じて福となす”原理
ほかの役割を果たす要素への移行	27. “高価な長寿命より安価な短寿命”原理
	13. 逆発想原理
	8. つり合い原理

2. アイデアの整理（KJ 法）

ここまでの説明から、本文で紹介した手順や 40 の発明原理を使えば、それを使わない場合に比べてはるかに多数のアイデアを発想できることは理解してもらえたと思います。一方で、思いついたアイデアがたくさんあり過ぎて収拾がつかなくなるといった事態に直面することも予想されます。その場合は、だしたアイデアから問題に対する解決策を提案し実現するために、アイデアを体系的に整理して解決策をコンセプトとして構築しなければいけません。

ここで紹介する KJ 法は、問題解決の方法論により創出した大量のアイデアを整理して問題解決のためのコンセプトを構築するうえで有効的な方法です。KJ 法は、文化人類学者の川喜田二郎氏により考案されたことでも知られていますが、研究に関する文献調査の結果をまとめる際にも、この方法は有効です。

ここでは、KJ 法を用いて大量のアイデアを整理し、整理されたアイデアから問題の解決策のコンセプトを提案する方法を説明していきます。

KJ 法は、カードにアイデアを書き出し、内容の近いものを組み合わせながら整理していくというシンプルな作業を繰り返します。KJ 法を実施し、それをもとに解決策コンセプトを構築する手順は次のとおりです。

手順1 発想したアイデアをカードに書き写す

手順2 手順1で作成したカードを広げ、何かしらの共通点があるカードを組み合わせてグループをつくり、簡潔な説明（タイトル）をつける

手順3 手順2で作成したグループを、さらに共通点があるグループと組み合わせ、簡潔な説明（タイトル）をつける

手順4 手順3をグループの数がアイデアの全体像を把握できる程度になるまで繰り返していく

手順5 手順4の結果を参照して解決策のコンセプトを構築する

各手順を詳しく説明していきます。

手順1 発想したアイデアをカードに書き写す

問題解決の方法論を通じて発想したアイデアをカードに簡潔に記述していきます。この際、簡単なイラストを一緒に描いておくと効果的です。また、アイデアを考えるときに、直接カードに書くのもありです。

巻末1

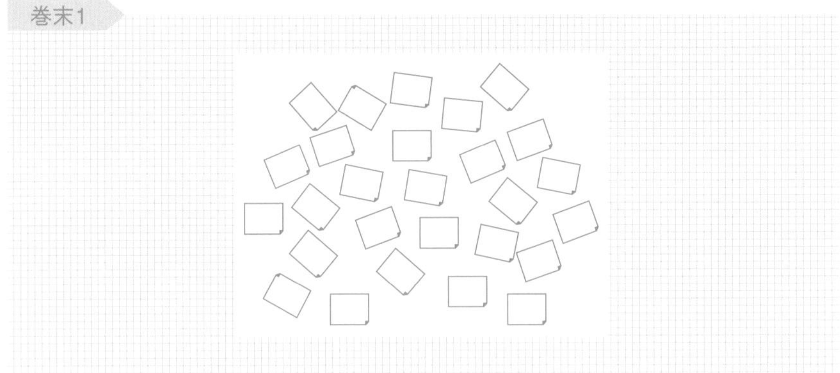

手順2　手順1で作成したカードを広げ、何かしらの共通点があるカードを組み合わせてグループをつくり、簡単な説明（タイトル）をつける

机の上などの広い場所に、手順1で作成したカードをひと目でみわたせるように広げ、カードを1枚手に取ります。残りのカードのなかから、手にしたカードと似た内容、ジャンルなど、何かしらの共通点があるものを選び、その2枚を1組としてタイトル、もしくは簡単な説明をつけます。この作業を、すべてのカードにしていきます。カードを選ぶとき、2枚1組で選ぶのが確実な作業の進め方ですが、カードを選ぶ際にほかのカードが目についたなら、1組3枚以上になっても構いません。また、同一のカードを複数のグループをまたいで複数使うこともできます。

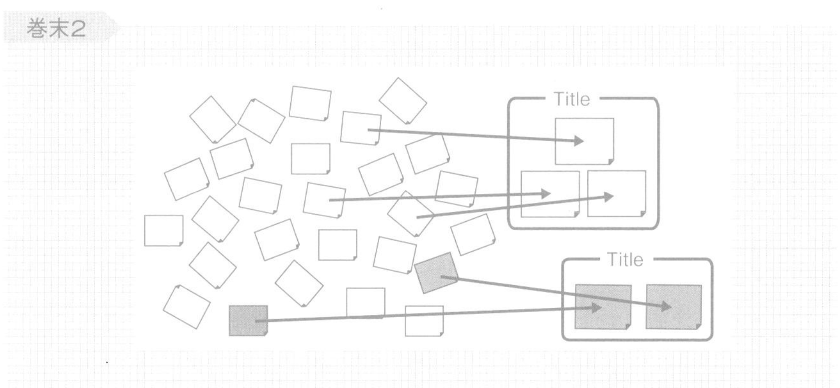

手順3　手順2で作成したグループを、さらに共通点があるグループと組み合わせ、簡潔な説明（タイトル）をつける

手順2で作成したグループのタイトルに着目し、手順2で実施したのと同じ手順で残りのグループのなかから似た内容、ジャンルなど、共通点のあるグループを選び、それらを1組としてタイトルをつけます。もちろん、ここでも異なるアイデアを組み合わせて新たなアイデアとしても構いません。この作業を、すべてのグループに対して繰り返します。この際も2グループを1組とし

てタイトルをつけていくのが確実な作業の進め方ですが、3つ以上のグループによるグループとなっても構いません。

巻末3

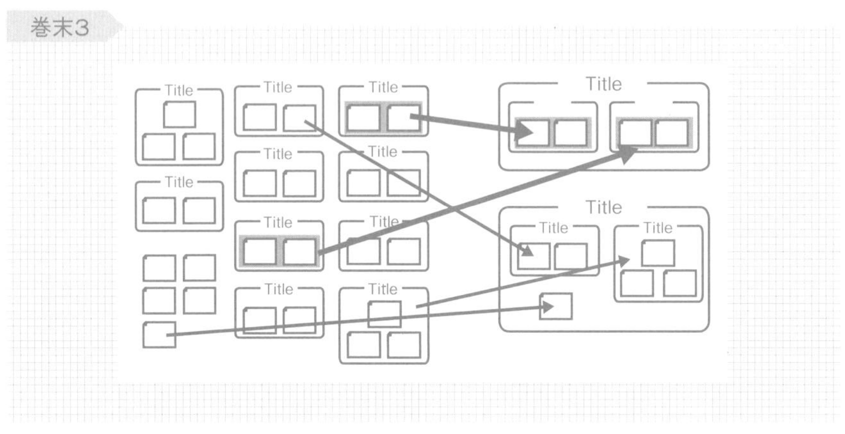

手順4 手順3をグループの数がアイデアの全体像を把握できる程度になるまで繰り返す

引き続き、共通点のあるグループを選び、それらを1組としてタイトルをつけます。この作業を繰り返していくうちに、やがてグループの数はひと目で把握できる程度に少なくなり、最終的には、最初に設定した問題解決のためのアイデアという共通点で1つのグループとなるはずです。

巻末4

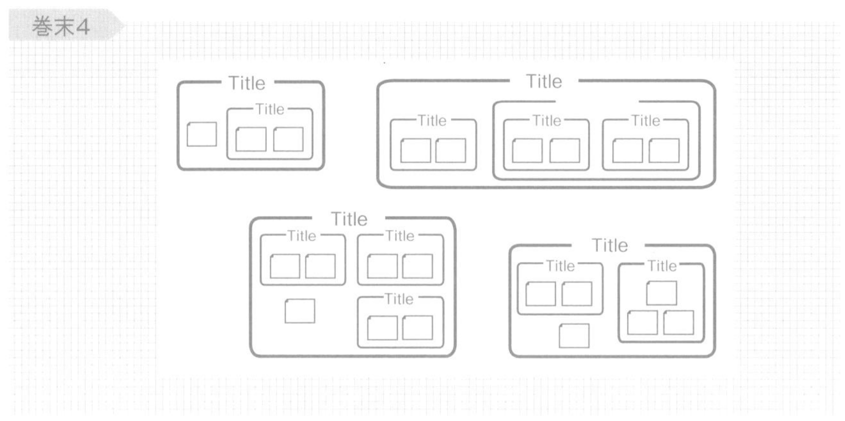

手順5　手順4の結果を参照して解決策のコンセプトを構築する

手順4を完了した時点で、最初は全体像を把握できなかった大量のアイデアも、対象物をどのように変更するべきなのか、その方向性をおおまかに把握できているはずです。各変更の方向性について、アイデアを取捨選択して組み合わせれば、アイデアをブラッシュアップして解決策のコンセプトを構築することもできます。

ここでは、例としてアイデアを記載したカードを分類して整理していきましたが、この方法はアイデアだけでなく、情報が多過ぎて整理が必要なあらゆる状況において活用できます。

■著者略歴

西山 聖久　（にしやま　きよひさ）

タシケント工科大学（ウズベキスタン）教授、副学長。株式会社発想工房代表取締役。博士（工学）。
2003年に早稲田大学理工学部卒業、2008年に英国バーミンガム大学機械工学科博士課程修了。
株式会社豊田自動織機勤務、名古屋大学工学部・大学院工学研究科講師、名古屋大学国際機構国際連携企画センター特任講師を経て、現職。
専門は、価値工学（VE）・発明的問題解決手法（TRIZ）といった経営管理手法を活かした工学教育の研究（とくに英語教育、留学生教育、創造性教育など）。
連絡先☞ nishiyama.kiyohisa@gmail.com

本文のイラスト　梅田 亜依

あなたは大学で何をどう学ぶか
一生モノの研究テーマを見つける実践マニュアル

2023年12月10日　第1版　第1刷　発行
2024年 3 月20日　　　　　第2刷　発行

検印廃止

著　者　　西山　聖久
発行者　　曽根　良介
発行所　　(株)化 学 同 人

〒600-8074　京都市下京区仏光寺通柳馬場西入ル
編集部　TEL 075-352-3711　FAX 075-352-0371
営業部　TEL 075-352-3373　FAX 075-351-8301
振替　01010-7-5702
e-mail　webmaster@kagakudojin.co.jp
URL　https://www.kagakudojin.co.jp
本文ＤＴＰ　(株)ケイエスティープロダクション
印刷・製本　(株)シナノパブリッシングプレス

ISBN978-4-7598-2348-6
Printed in Japan

本書の感想を
お寄せください